U0271839

GIS

西藏自治区边境县
农业资源GIS信息图集

谭大明　等　著

中国农业科学技术出版社

图书在版编目（CIP）数据

西藏自治区边境县农业资源GIS信息图集 / 谭大明等著. --北京：
中国农业科学技术出版社，2021.10

ISBN 978-7-5116-5263-8

Ⅰ. ①西… Ⅱ. ①谭… Ⅲ. ①地理信息系统—应用—农业资源—西藏—图集 Ⅳ. ①S127-64

中国版本图书馆 CIP 数据核字（2021）第 062013 号

本书地图经西藏自治区自然资源厅审核

审图号：藏S（2021）025号

责任编辑	李　华　崔改泵
责任校对	贾海霞
责任印制	姜义伟　王思文

出 版 者	中国农业科学技术出版社
	北京市中关村南大街12号　　邮编：100081
电　　话	（010）82109708（编辑室）　（010）82109702（发行部）
	（010）82109709（读者服务部）
传　　真	（010）82106650
网　　址	http://www.castp.cn
经 销 者	各地新华书店
印 刷 者	北京地大彩印有限公司
开　　本	185 mm×260 mm　1/16
印　　张	17.5
字　　数	372千字
版　　次	2021年10月第1版　　2021年10月第1次印刷
定　　价	108.00元

《西藏自治区边境县农业资源GIS信息图集》

著者名单

主　著： 谭大明

副主著： 刘国一　　陈吉龙　　谭海运　　彭　君

著　者： 谭大明　　刘国一　　谭海运　　陈吉龙

　　　　　张华国　　谢永春　　彭　君　　温兆飞

　　　　　普布贵吉　宋国英　　高　雪　　侯亚红

　　　　　秦基伟　　索朗措姆　普布普赤

前　言

　　西藏地处祖国西南边陲，与印度、尼泊尔、不丹等国家接壤，边境线超过4 000km，涉及21个行政县。西藏边境地区虽然人口数量不多，但是国土面积较广，总土地面积34.35万km²，占全区土地面积的40%。边境县的海拔差异大，地理、气候环境迥异，生物资源丰富，同时边境地区是反分裂斗争的前沿，守边固土的政治意义非常重要。在中央第七次西藏工作座谈会上习近平总书记就明确指出，要加强西藏边境地区的建设，强调要对青藏高原生态进行良好的保护，指出对高原的生态保护就是对中华民族生存和发展的最大贡献，要守护好高原的生灵草木、万水千山。西藏自治区政府也以促进边境地区的发展为己任，提出"共同团结奋斗、共同繁荣发展"的目标，从更新的高度出发，不断加快西藏边境地区的发展与和谐社会建设。

　　西藏边境县主要以农业为主，其中农业的GDP产值在三产中占比42%。要发展当地农业，保护生态环境，首先需要对农业资源情况有所了解，最直接的方式是开展农业资源调查。通过调查了解当地农业资源状况，合理进行农业区划，从而把丰富而有限的资源利用好，以获得最佳生态平衡，最好的转化率和最合理、最有效的经济效益。

　　现有的西藏边境县农业资源资料，主要来自1985—1990年的调查，到现在已有近30年的时间。部分资料年代久远，比较陈旧，而且随着人们对自然资源利用方式的改变，有些数据也发生了较大的变化。为此基于西藏自治区科学技术厅"西藏边境县农业资源调查与分析研究"项目的基础上，对研究成果进行总结、整理，绘制了西藏农业资源图集。该图集大量利用现代信息技术方法，通过3S技术对西藏农业资源进行调查、分析。摸清农业资源家底，为当前乡村振兴战略提供资源基础数据。

　　2016—2018年对西藏边境县农业资源情况进行专题调查与分析，主要对西藏21个边境线土壤情况，包括土壤质地、土壤侵蚀情况、土壤养分；土地资源利用情况，包括土地利用现状，草地、林地分布，利用遥感与实地勘测结合的方法进行空间分析。现将这些数据汇总成册，第一是对项目的研究结果有所总结，第二是希望这些研究数据能够为西藏边境县的农业发展规划、资源保护利用等方面政策的制定提供参考。

　　限于时间和著者水平所限，本书遗漏与不足之处在所难免，恳请读者批评指正。

著　者

2020年12月

目　录

一、西藏边境县农业资源总图

西藏边境县土地利用现状图 ·············· 3

西藏边境县耕地分布图 ··············· 4

西藏边境县草地分布图 ··············· 5

西藏边境县林地分布图 ··············· 6

西藏边境县土壤侵蚀强度分布图 ············ 7

西藏边境县土壤粉粒含量分布图 ············ 8

西藏边境县土壤黏粒含量分布图 ············ 9

西藏边境县土壤沙粒含量分布图 ············ 10

二、西藏边境县农业资源现状调查

察隅县 ···················· 13

察隅县土地利用现状图 ··············· 15

察隅县耕地分布图 ················· 16

察隅县草地分布图 ················· 17

察隅县林地分布图 ················· 18

察隅县土壤侵蚀强度分布图 ············· 19

察隅县土壤粉粒含量分布图 ············· 20

察隅县土壤黏粒含量分布图 ·· 21

察隅县土壤沙粒含量分布图 ·· 22

察隅县年平均降水量分布图 ·· 23

察隅县年平均气温分布图 ·· 24

错那县 ·· 25

错那县土地利用现状图 ·· 27

错那县耕地分布图 ·· 28

错那县草地分布图 ·· 29

错那县林地分布图 ·· 30

错那县土壤侵蚀强度分布图 ·· 31

错那县土壤粉粒含量分布图 ·· 32

错那县土壤黏粒含量分布图 ·· 33

错那县土壤沙粒含量分布图 ·· 34

错那县年平均降水量分布图 ·· 35

错那县年平均气温分布图 ·· 36

定结县 ·· 37

定结县土地利用现状图 ·· 39

定结县耕地分布图 ·· 40

定结县草地分布图 ·· 41

定结县林地分布图 ·· 42

定结县土壤侵蚀强度分布图 ·· 43

定结县土壤粉粒含量分布图 ·· 44

定结县土壤黏粒含量分布图 ·· 45

定结县土壤沙粒含量分布图 ·· 46

定结县年平均降水量分布图 ·· 47

定结县年平均气温分布图 ·· 48

定日县 ·· 49

定日县土地利用现状图 ·· 51

定日县耕地分布图 ·· 52

定日县草地分布图 ·· 53

定日县林地分布图 ·· 54

定日县土壤侵蚀强度分布图 ·· 55

定日县土壤粉粒含量分布图 ·· 56

定日县土壤黏粒含量分布图 ……………………………………………… 57

定日县土壤沙粒含量分布图 ……………………………………………… 58

定日县年平均降水量分布图 ……………………………………………… 59

定日县年平均气温分布图 ………………………………………………… 60

噶尔县 …………………………………………………………………………… 61

噶尔县土地利用现状图 …………………………………………………… 63

噶尔县耕地分布图 ………………………………………………………… 64

噶尔县草地分布图 ………………………………………………………… 65

噶尔县土壤侵蚀强度分布图 ……………………………………………… 66

噶尔县土壤粉粒含量分布图 ……………………………………………… 67

噶尔县土壤黏粒含量分布图 ……………………………………………… 68

噶尔县土壤沙粒含量分布图 ……………………………………………… 69

噶尔县年平均降水量分布图 ……………………………………………… 70

噶尔县年平均气温分布图 ………………………………………………… 71

岗巴县 …………………………………………………………………………… 73

岗巴县土地利用现状图 …………………………………………………… 75

岗巴县耕地分布图 ………………………………………………………… 76

岗巴县草地分布图 ………………………………………………………… 77

岗巴县土壤侵蚀强度分布图 ……………………………………………… 78

岗巴县土壤粉粒含量分布图 ……………………………………………… 79

岗巴县土壤黏粒含量分布图 ……………………………………………… 80

岗巴县土壤沙粒含量分布图 ……………………………………………… 81

岗巴县年平均降水量分布图 ……………………………………………… 82

岗巴县年平均气温分布图 ………………………………………………… 83

吉隆县 …………………………………………………………………………… 85

吉隆县土地利用现状图 …………………………………………………… 87

吉隆县耕地分布图 ………………………………………………………… 88

吉隆县草地分布图 ………………………………………………………… 89

吉隆县林地分布图 ………………………………………………………… 90

吉隆县土壤侵蚀强度分布图 ……………………………………………… 91

吉隆县土壤粉粒含量分布图 ……………………………………………… 92

吉隆县土壤黏粒含量分布图 ……………………………………………… 93

吉隆县土壤沙粒含量分布图 ……………………………………………… 94

吉隆县年平均降水量分布图 ················· 95

吉隆县年平均气温分布图 ················· 96

康马县 ················· 97

　康马县土地利用现状图 ················· 99

　康马县耕地分布图 ················· 100

　康马县草地分布图 ················· 101

　康马县林地分布图 ················· 102

　康马县土壤侵蚀强度分布图 ················· 103

　康马县土壤粉粒含量分布图 ················· 104

　康马县土壤黏粒含量分布图 ················· 105

　康马县土壤沙粒含量分布图 ················· 106

　康马县年平均降水量分布图 ················· 107

　康马县年平均气温分布图 ················· 108

朗县 ················· 109

　朗县土地利用现状图 ················· 111

　朗县耕地分布图 ················· 112

　朗县草地分布图 ················· 113

　朗县林地分布图 ················· 114

　朗县土壤侵蚀强度分布图 ················· 115

　朗县土壤粉粒含量分布图 ················· 116

　朗县土壤黏粒含量分布图 ················· 117

　朗县土壤沙粒含量分布图 ················· 118

　朗县年平均降水量分布图 ················· 119

　朗县年平均气温分布图 ················· 120

浪卡子县 ················· 121

　浪卡子县土地利用现状图 ················· 123

　浪卡子县耕地分布图 ················· 124

　浪卡子县草地分布图 ················· 125

　浪卡子县土壤侵蚀强度分布图 ················· 126

　浪卡子县土壤粉粒含量分布图 ················· 127

　浪卡子县土壤黏粒含量分布图 ················· 128

　浪卡子县土壤沙粒含量分布图 ················· 129

　浪卡子县年平均降水量分布图 ················· 130

浪卡子县年平均气温分布图 ……………………………………………… 131

隆子县 …………………………………………………………………………… 133

　隆子县土地利用现状图 …………………………………………………… 135

　隆子县耕地分布图 ………………………………………………………… 136

　隆子县草地分布图 ………………………………………………………… 137

　隆子县林地分布图 ………………………………………………………… 138

　隆子县土壤侵蚀强度分布图 ……………………………………………… 139

　隆子县土壤粉粒含量分布图 ……………………………………………… 140

　隆子县土壤黏粒含量分布图 ……………………………………………… 141

　隆子县土壤沙粒含量分布图 ……………………………………………… 142

　隆子县年平均降水量分布图 ……………………………………………… 143

　隆子县年平均气温分布图 ………………………………………………… 144

洛扎县 …………………………………………………………………………… 145

　洛扎县土地利用现状图 …………………………………………………… 147

　洛扎县耕地分布图 ………………………………………………………… 148

　洛扎县草地分布图 ………………………………………………………… 149

　洛扎县林地分布图 ………………………………………………………… 150

　洛扎县土壤侵蚀强度分布图 ……………………………………………… 151

　洛扎县土壤粉粒含量分布图 ……………………………………………… 152

　洛扎县土壤黏粒含量分布图 ……………………………………………… 153

　洛扎县土壤沙粒含量分布图 ……………………………………………… 154

　洛扎县年平均降水量分布图 ……………………………………………… 155

　洛扎县年平均气温分布图 ………………………………………………… 156

米林县 …………………………………………………………………………… 157

　米林县土地利用现状图 …………………………………………………… 159

　米林县耕地分布图 ………………………………………………………… 160

　米林县草地分布图 ………………………………………………………… 161

　米林县林地分布图 ………………………………………………………… 162

　米林县土壤侵蚀强度分布图 ……………………………………………… 163

　米林县土壤粉粒含量分布图 ……………………………………………… 164

　米林县土壤黏粒含量分布图 ……………………………………………… 165

　米林县土壤沙粒含量分布图 ……………………………………………… 166

　米林县年平均降水量分布图 ……………………………………………… 167

米林县年平均气温分布图 ·· 168

墨脱县 ·· 169

墨脱县土地利用现状图 ·· 171

墨脱县耕地分布图 ·· 172

墨脱县草地分布图 ·· 173

墨脱县林地分布图 ·· 174

墨脱县土壤侵蚀强度分布图 ·· 175

墨脱县土壤粉粒含量分布图 ·· 176

墨脱县土壤黏粒含量分布图 ·· 177

墨脱县土壤沙粒含量分布图 ·· 178

墨脱县年平均降水量分布图 ·· 179

墨脱县年平均气温分布图 ·· 180

聂拉木县 ·· 181

聂拉木县土地利用现状图 ·· 183

聂拉木县耕地分布图 ·· 184

聂拉木县草地分布图 ·· 185

聂拉木县林地分布图 ·· 186

聂拉木县土壤侵蚀强度分布图 ·· 187

聂拉木县土壤粉粒含量分布图 ·· 188

聂拉木县土壤黏粒含量分布图 ·· 189

聂拉木县土壤沙粒含量分布图 ·· 190

聂拉木县年平均降水量分布图 ·· 191

聂拉木县年平均气温分布图 ·· 192

普兰县 ·· 193

普兰县土地利用现状图 ·· 195

普兰县耕地分布图 ·· 196

普兰县草地分布图 ·· 197

普兰县林地分布图 ·· 198

普兰县土壤侵蚀强度分布图 ·· 199

普兰县土壤粉粒含量分布图 ·· 200

普兰县土壤黏粒含量分布图 ·· 201

普兰县土壤沙粒含量分布图 ·· 202

普兰县年平均降水量分布图 ·· 203

普兰县年平均气温分布图 …………………………………………… 204

日土县 ……………………………………………………………… 205

日土县土地利用现状图 …………………………………………… 207

日土县耕地分布图 ………………………………………………… 208

日土县草地分布图 ………………………………………………… 209

日土县土壤侵蚀强度分布图 ……………………………………… 210

日土县土壤粉粒含量分布图 ……………………………………… 211

日土县土壤黏粒含量分布图 ……………………………………… 212

日土县土壤沙粒含量分布图 ……………………………………… 213

日土县年平均降水量分布图 ……………………………………… 214

日土县年平均气温分布图 ………………………………………… 215

萨嘎县 ……………………………………………………………… 217

萨嘎县土地利用现状图 …………………………………………… 219

萨嘎县耕地分布图 ………………………………………………… 220

萨嘎县草地分布图 ………………………………………………… 221

萨嘎县土壤侵蚀强度分布图 ……………………………………… 222

萨嘎县土壤粉粒含量分布图 ……………………………………… 223

萨嘎县土壤黏粒含量分布图 ……………………………………… 224

萨嘎县土壤沙粒含量分布图 ……………………………………… 225

萨嘎县年平均降水量分布图 ……………………………………… 226

萨嘎县年平均气温分布图 ………………………………………… 227

亚东县 ……………………………………………………………… 229

亚东县土地利用现状图 …………………………………………… 231

亚东县耕地分布图 ………………………………………………… 232

亚东县草地分布图 ………………………………………………… 233

亚东县林地分布图 ………………………………………………… 234

亚东县土壤侵蚀强度分布图 ……………………………………… 235

亚东县土壤粉粒含量分布图 ……………………………………… 236

亚东县土壤黏粒含量分布图 ……………………………………… 237

亚东县土壤沙粒含量分布图 ……………………………………… 238

亚东县年平均降水量分布图 ……………………………………… 239

亚东县年平均气温分布图 ………………………………………… 240

札达县 ……………………………………………………………… 241

札达县土地利用现状图 ⋯⋯⋯⋯⋯⋯⋯⋯⋯⋯⋯⋯⋯⋯⋯⋯ 243

札达县耕地分布图 ⋯⋯⋯⋯⋯⋯⋯⋯⋯⋯⋯⋯⋯⋯⋯⋯⋯⋯ 244

札达县草地分布图 ⋯⋯⋯⋯⋯⋯⋯⋯⋯⋯⋯⋯⋯⋯⋯⋯⋯⋯ 245

札达县土壤侵蚀强度分布图 ⋯⋯⋯⋯⋯⋯⋯⋯⋯⋯⋯⋯⋯⋯ 246

札达县土壤粉粒含量分布图 ⋯⋯⋯⋯⋯⋯⋯⋯⋯⋯⋯⋯⋯⋯ 247

札达县土壤黏粒含量分布图 ⋯⋯⋯⋯⋯⋯⋯⋯⋯⋯⋯⋯⋯⋯ 248

札达县土壤沙粒含量分布图 ⋯⋯⋯⋯⋯⋯⋯⋯⋯⋯⋯⋯⋯⋯ 249

札达县年平均降水量分布图 ⋯⋯⋯⋯⋯⋯⋯⋯⋯⋯⋯⋯⋯⋯ 250

札达县年平均气温分布图 ⋯⋯⋯⋯⋯⋯⋯⋯⋯⋯⋯⋯⋯⋯⋯ 251

仲巴县 ⋯⋯⋯⋯⋯⋯⋯⋯⋯⋯⋯⋯⋯⋯⋯⋯⋯⋯⋯⋯⋯⋯⋯⋯⋯⋯⋯ 253

仲巴县土地利用现状图 ⋯⋯⋯⋯⋯⋯⋯⋯⋯⋯⋯⋯⋯⋯⋯⋯ 255

仲巴县耕地分布图 ⋯⋯⋯⋯⋯⋯⋯⋯⋯⋯⋯⋯⋯⋯⋯⋯⋯⋯ 256

仲巴县草地分布图 ⋯⋯⋯⋯⋯⋯⋯⋯⋯⋯⋯⋯⋯⋯⋯⋯⋯⋯ 257

仲巴县林地分布图 ⋯⋯⋯⋯⋯⋯⋯⋯⋯⋯⋯⋯⋯⋯⋯⋯⋯⋯ 258

仲巴县土壤侵蚀强度分布图 ⋯⋯⋯⋯⋯⋯⋯⋯⋯⋯⋯⋯⋯⋯ 259

仲巴县土壤粉粒含量分布图 ⋯⋯⋯⋯⋯⋯⋯⋯⋯⋯⋯⋯⋯⋯ 260

仲巴县土壤黏粒含量分布图 ⋯⋯⋯⋯⋯⋯⋯⋯⋯⋯⋯⋯⋯⋯ 261

仲巴县土壤沙粒含量分布图 ⋯⋯⋯⋯⋯⋯⋯⋯⋯⋯⋯⋯⋯⋯ 262

仲巴县年平均降水量分布图 ⋯⋯⋯⋯⋯⋯⋯⋯⋯⋯⋯⋯⋯⋯ 263

仲巴县年平均气温分布图 ⋯⋯⋯⋯⋯⋯⋯⋯⋯⋯⋯⋯⋯⋯⋯ 264

西藏边境县农业资源总图

西藏边境县土地利用现状图

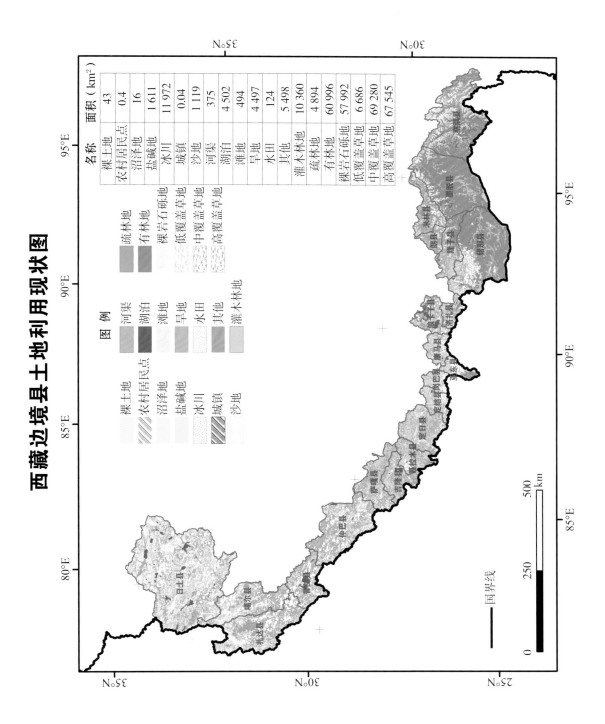

名称	面积（km²）
裸土地	43
农村居民点	0.4
沼泽地	16
盐碱地	1 611
冰川	11 972
城镇	0.04
沙地	1 119
河渠	375
湖泊	4 502
滩地	494
旱地	4 497
水田	124
其他	5 498
灌木林地	10 360
疏林地	4 894
有林地	60 996
裸岩石砾地	57 992
低覆盖草地	6 686
中覆盖草地	69 280
高覆盖草地	67 545

图例

裸土地　农村居民点　沼泽地　盐碱地　冰川　城镇　沙地
河渠　湖泊　滩地　旱地　水田　其他　灌木林地
疏林地　有林地　裸岩石砾地　低覆盖草地　中覆盖草地　高覆盖草地

国界线

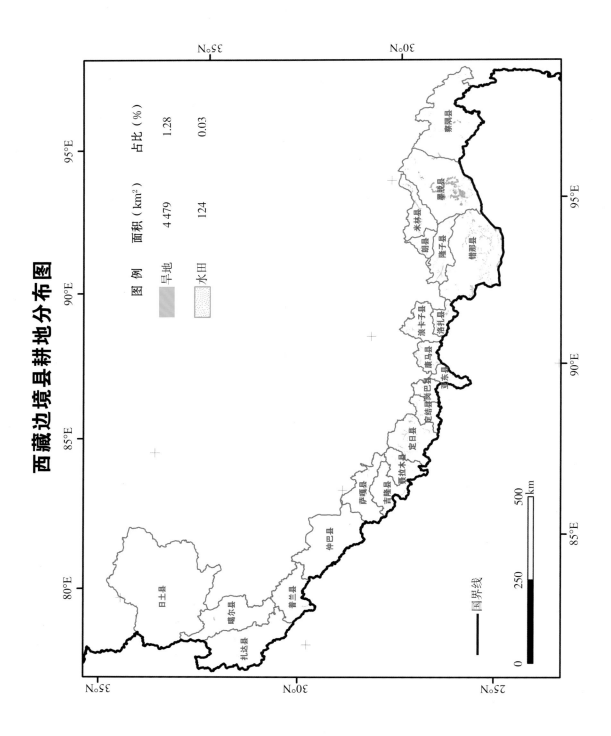

西藏边境县耕地分布图

图例	面积（km²）	占比（%）
旱地	4 479	1.28
水田	124	0.03

国界线

0 250 500 km

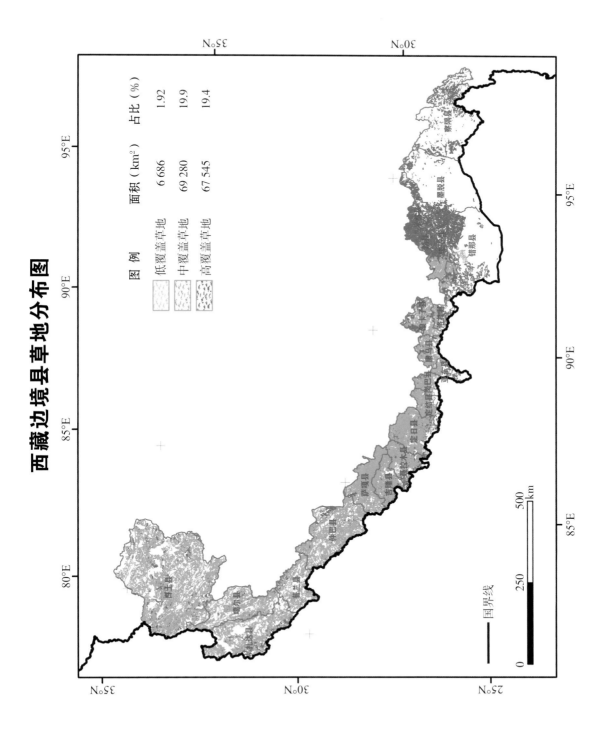

西藏边境县草地分布图

图　例	面积（km²）	占比（%）
低覆盖草地	6 686	1.92
中覆盖草地	69 280	19.9
高覆盖草地	67 545	19.4

国界线

西藏边境县林地分布图

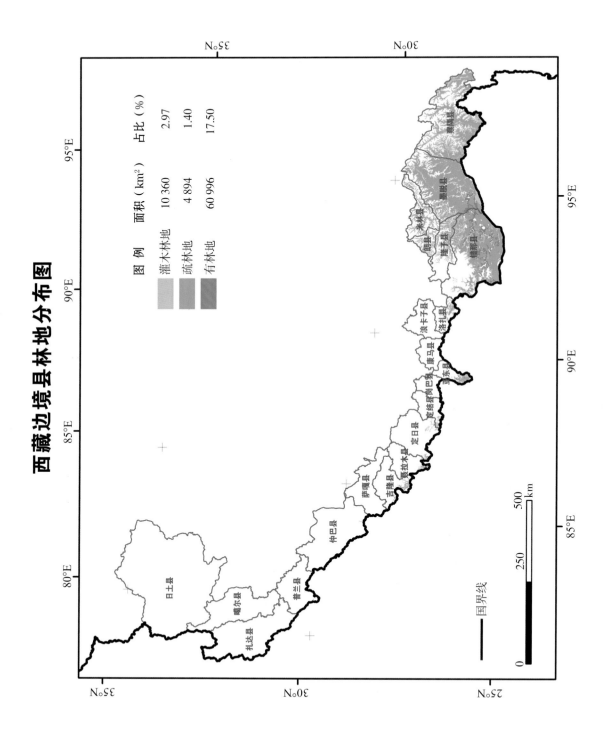

图 例	面积（km²）	占比（%）
灌木林地	10 360	2.97
疏林地	4 894	1.40
有林地	60 996	17.50

国界线

0 250 500 km

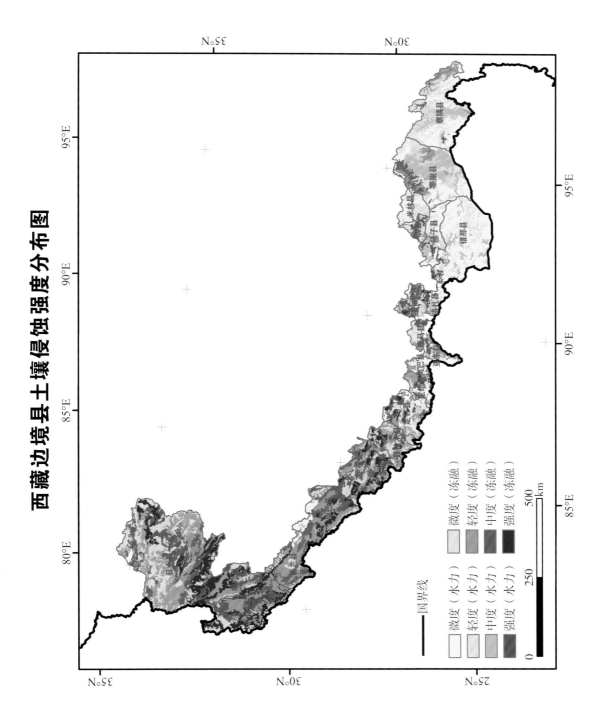

西藏边境县土壤侵蚀强度分布图

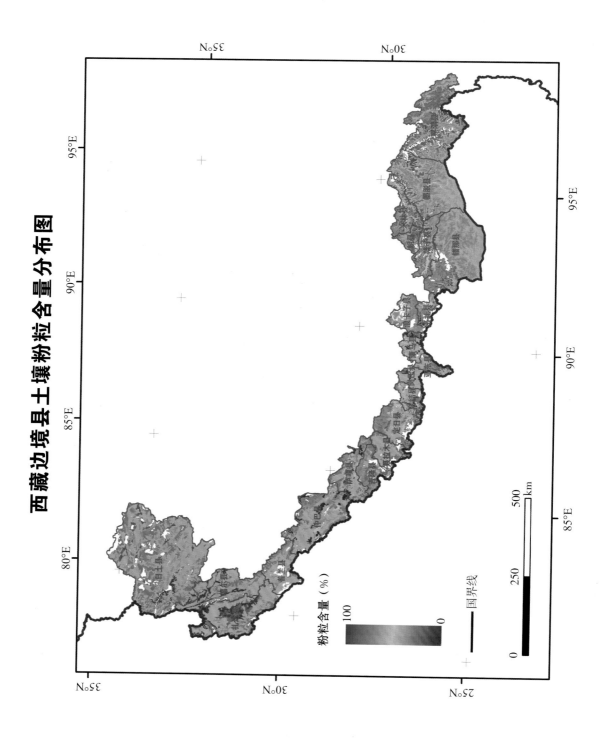

西藏边境县土壤粉粒含量分布图

粉粒含量（%）

100

0

—— 国界线

0   250   500
km

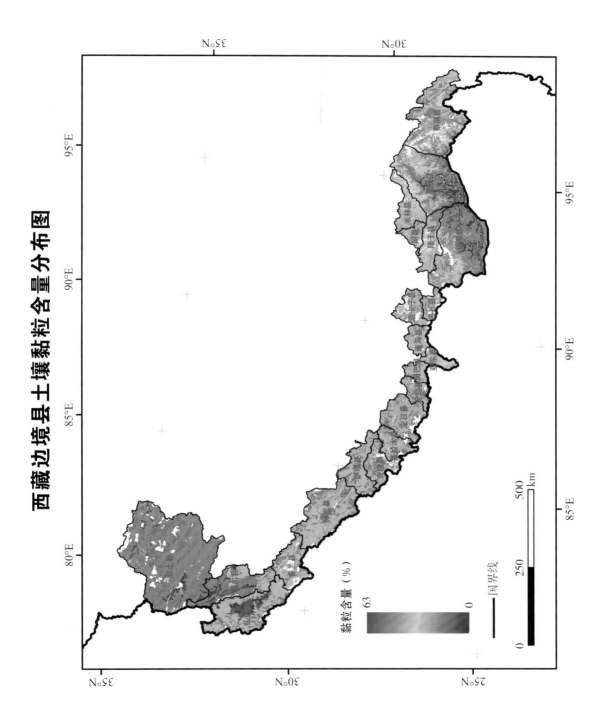

西藏边境县土壤黏粒含量分布图

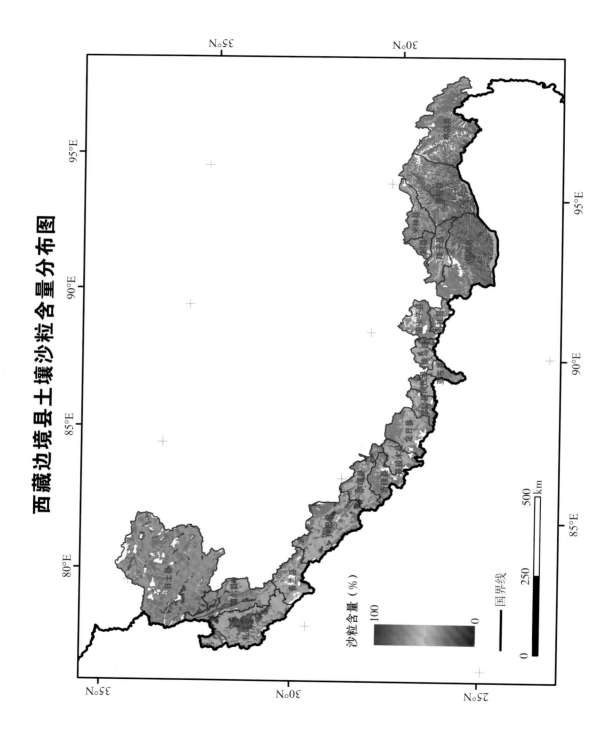

西藏边境县土壤沙粒含量分布图

沙粒含量（%）

100

0

国界线

0 250 500 km

西藏边境县农业资源现状调查

察隅县

察隅县土地利用现状图

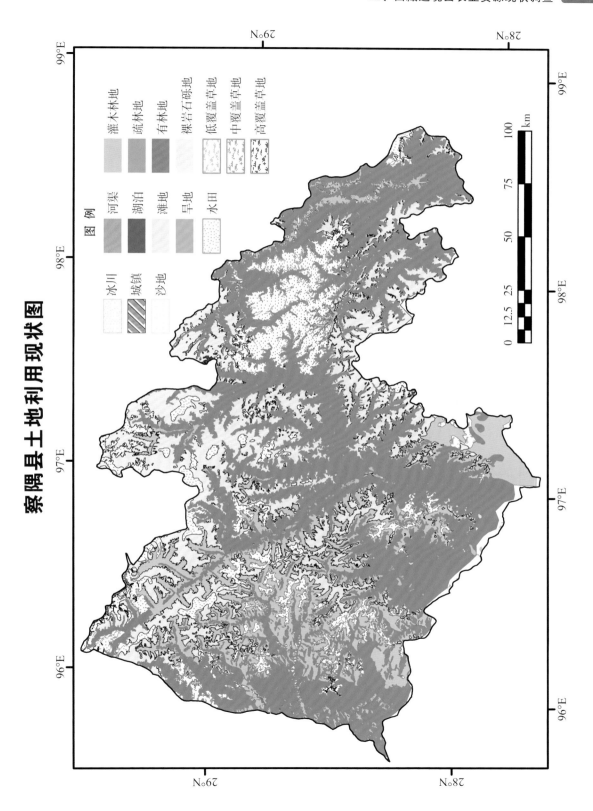

图例

灌木林地
疏林地
有林地
裸岩石砾地
低覆盖度草地
中覆盖度草地
高覆盖度草地

河渠
湖泊
滩地
旱地
水田

冰川
城镇
沙地

0 12.5 25 50 75 100 km

察隅县耕地分布图

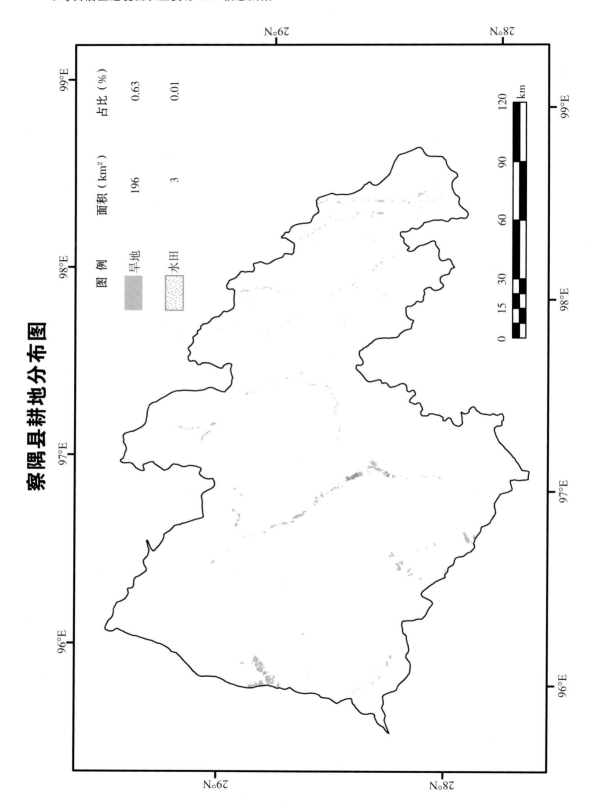

图 例	面积（km²）	占比（%）
旱地	196	0.63
水田	3	0.01

0 15 30   60   90   120
km

察隅县草地分布图

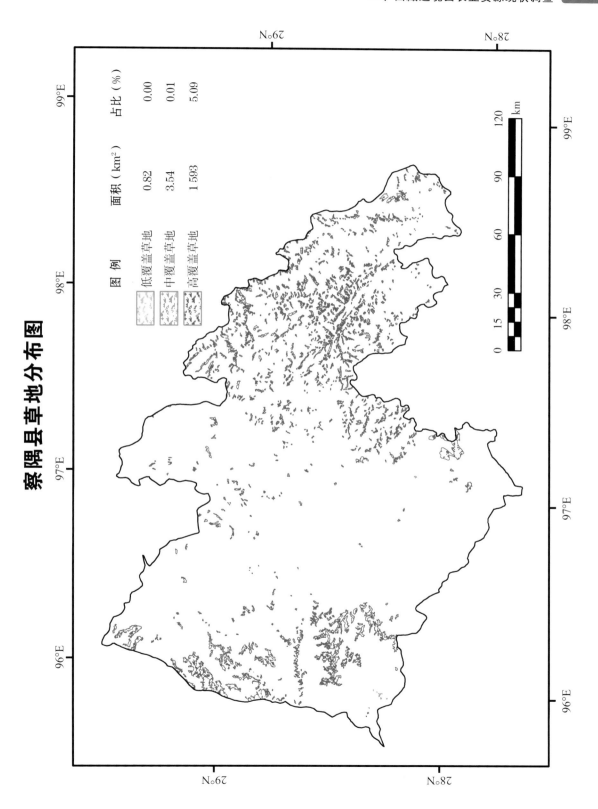

图例	面积（km²）	占比（%）
低覆盖草地	0.82	0.00
中覆盖草地	3.54	0.01
高覆盖草地	1 593	5.09

察隅县林地分布图

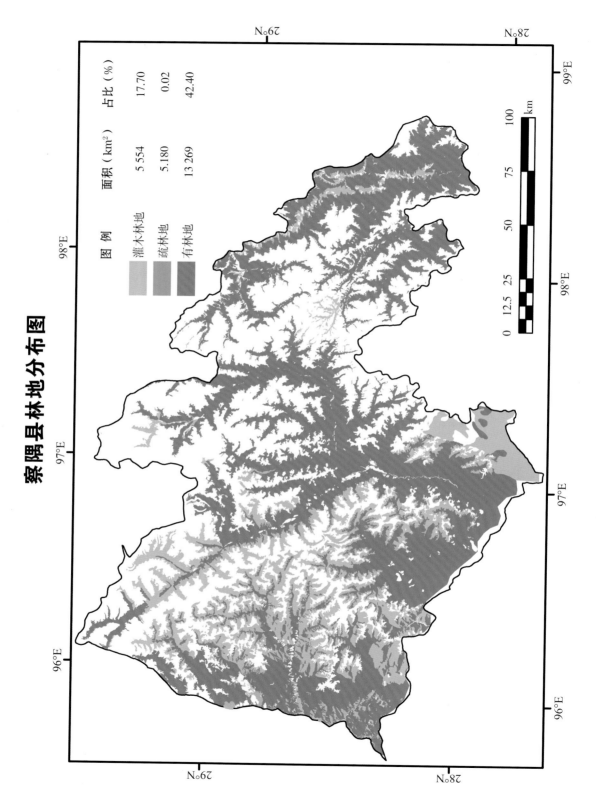

图 例	面积（km²）	占比（%）
灌木林地	5 554	17.70
疏林地	5.180	0.02
有林地	13 269	42.40

察隅县土壤侵蚀强度分布图

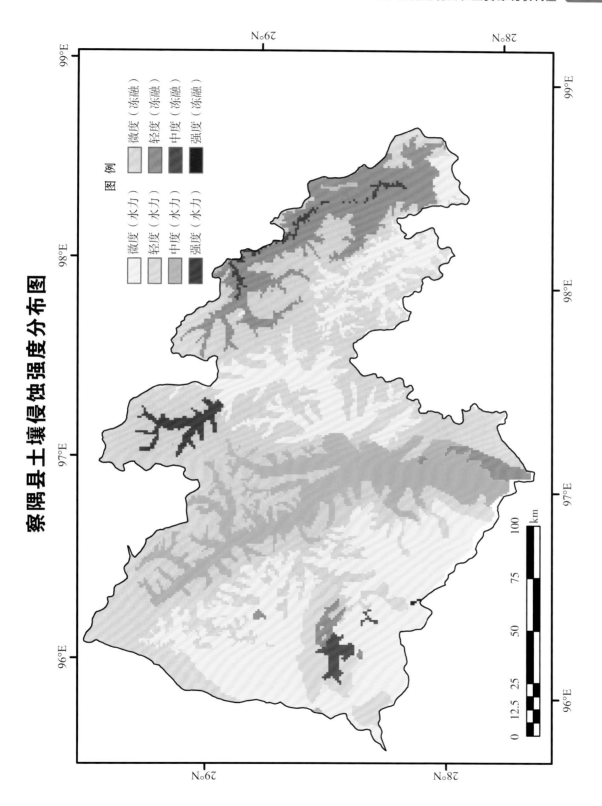

图例

- 微度（冻融）
- 轻度（冻融）
- 中度（冻融）
- 强度（冻融）

- 微度（水力）
- 轻度（水力）
- 中度（水力）
- 强度（水力）

0 12.5 25 50 75 100 km

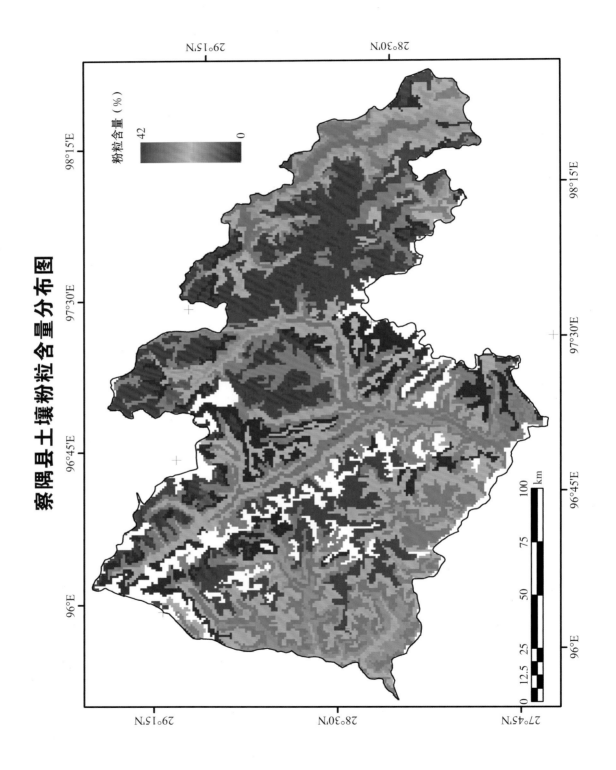

察隅县土壤粉粒含量分布图

粉粒含量（%）

42

0

察隅县土壤黏粒含量分布图

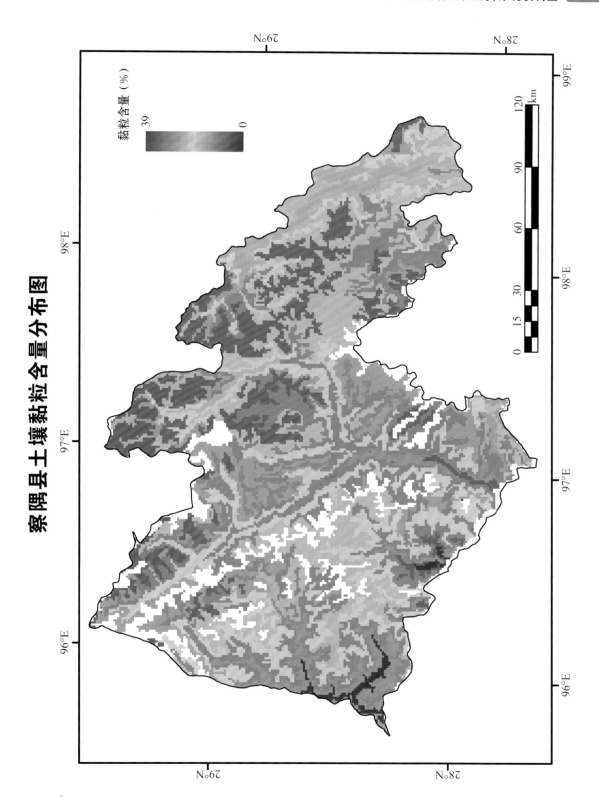

黏粒含量（%）

39

0

察隅县土壤沙粒含量分布图

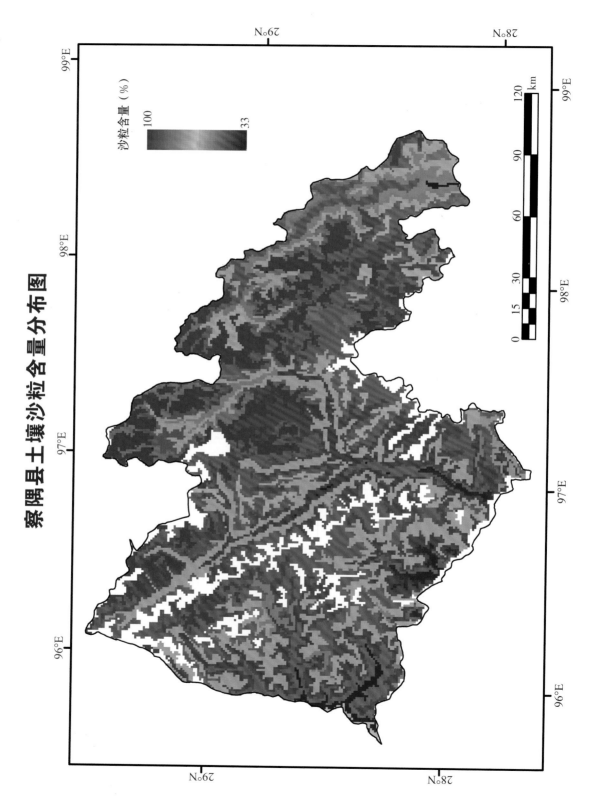

沙粒含量（%）

100

33

km

0 15 30 60 90 120

察隅县年平均降水量分布图

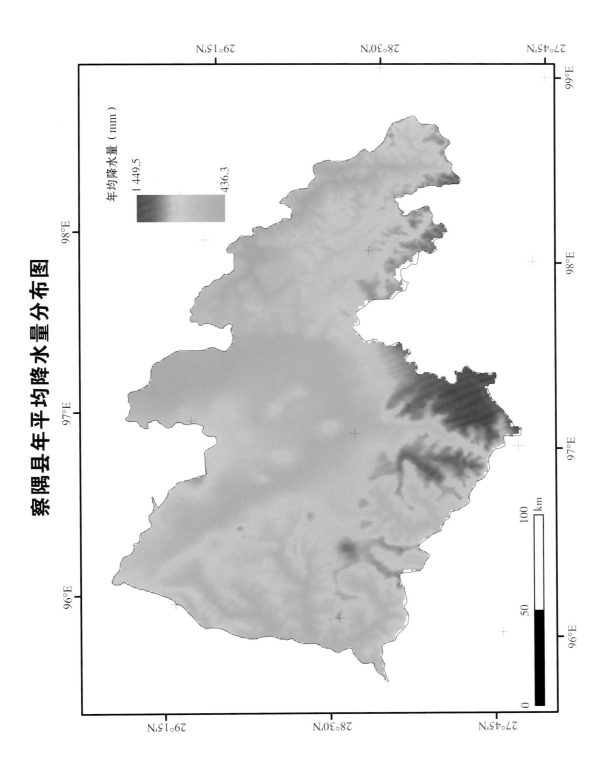

年均降水量（mm）

1 449.5

436.3

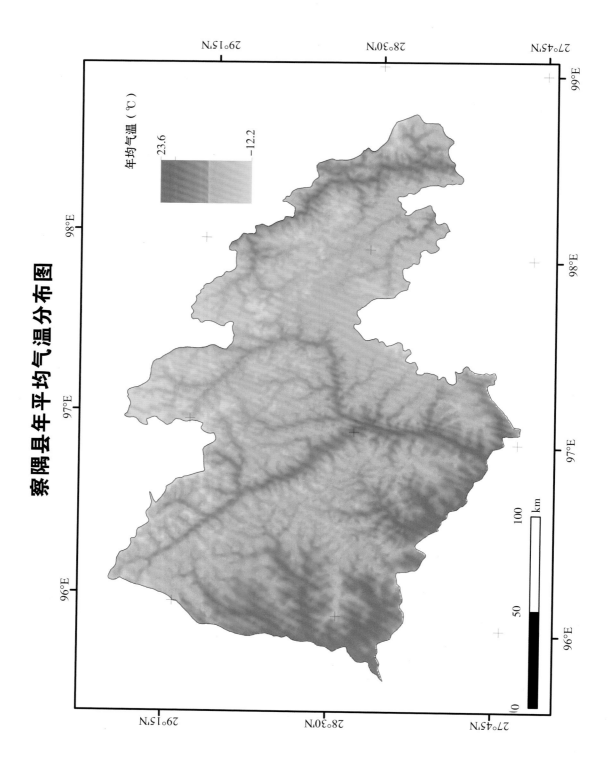

察隅县年平均气温分布图

年均气温（℃）

23.6

−12.2

错那县

错那县土地利用现状图

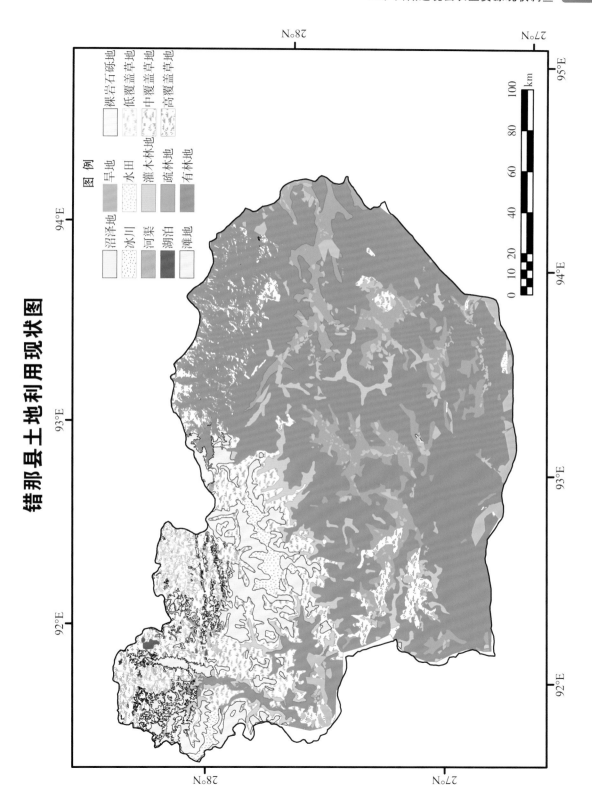

图 例

旱地
水田
灌木林地
疏林地
有林地

沼泽地
冰川
河渠
湖泊
滩地

裸岩石砾地
低覆盖度草地
中覆盖度草地
高覆盖度草地

错那县耕地分布图

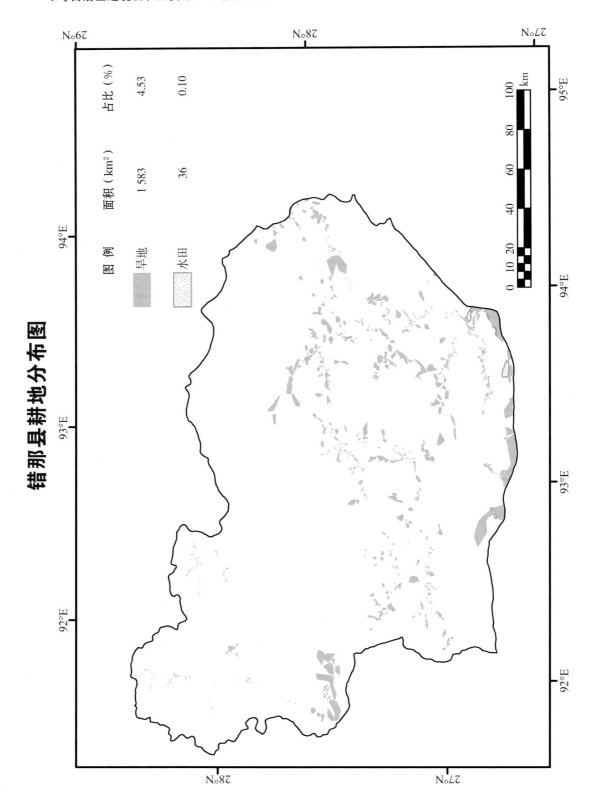

图例	面积（km²）	占比（%）
旱地	1 583	4.53
水田	36	0.10

错那县草地分布图

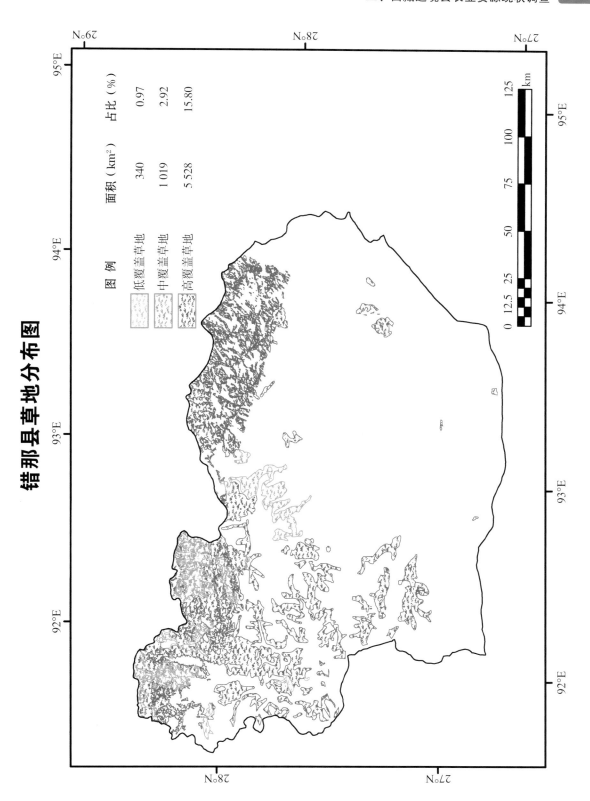

图 例	面积（km²）	占比（%）
低覆盖草地	340	0.97
中覆盖草地	1 019	2.92
高覆盖草地	5 528	15.80

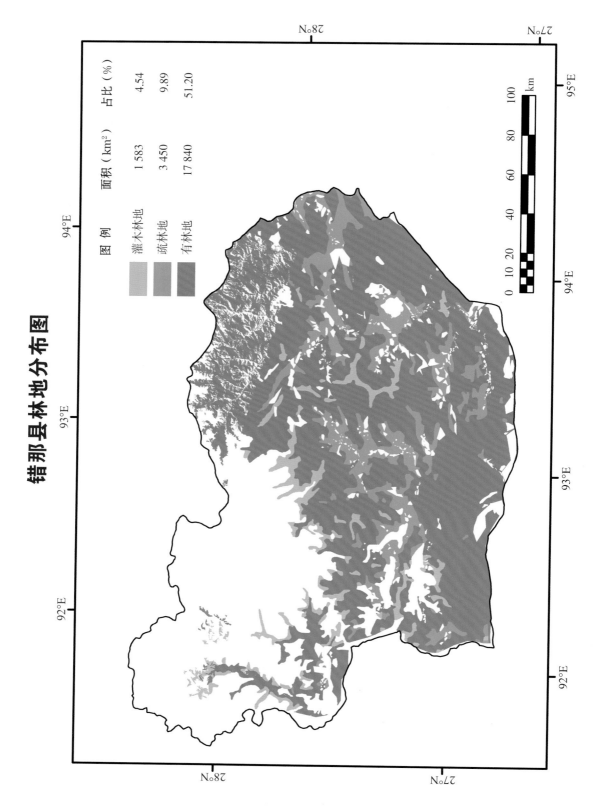

错那县林地分布图

图例	面积（km²）	占比（%）
灌木林地	1 583	4.54
疏林地	3 450	9.89
有林地	17 840	51.20

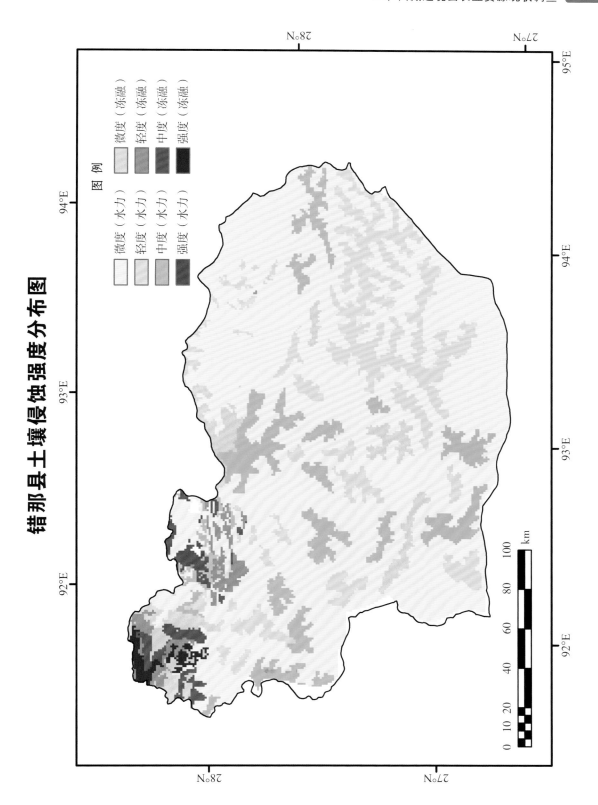

错那县土壤侵蚀强度分布图

错那县土壤粉粒含量分布图

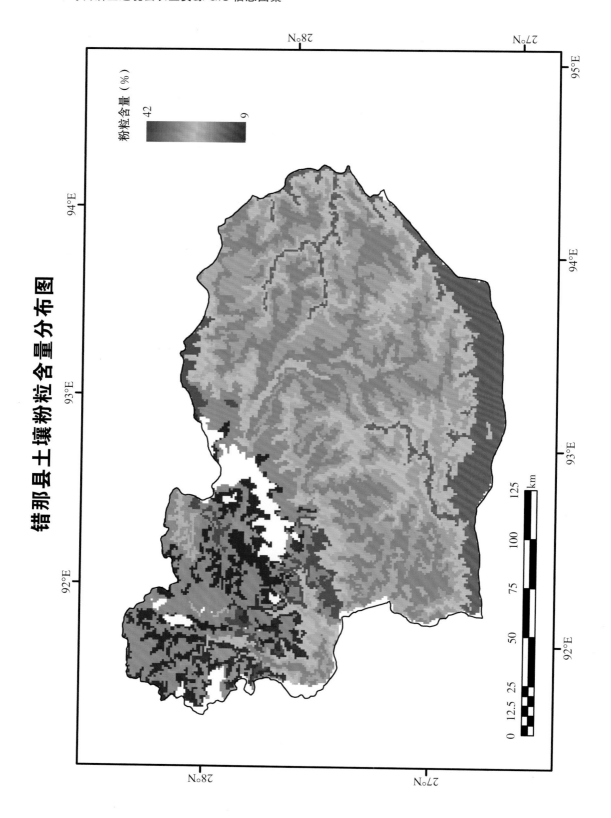

粉粒含量（%）

42

9

0 12.5 25   50   75   100   125
km

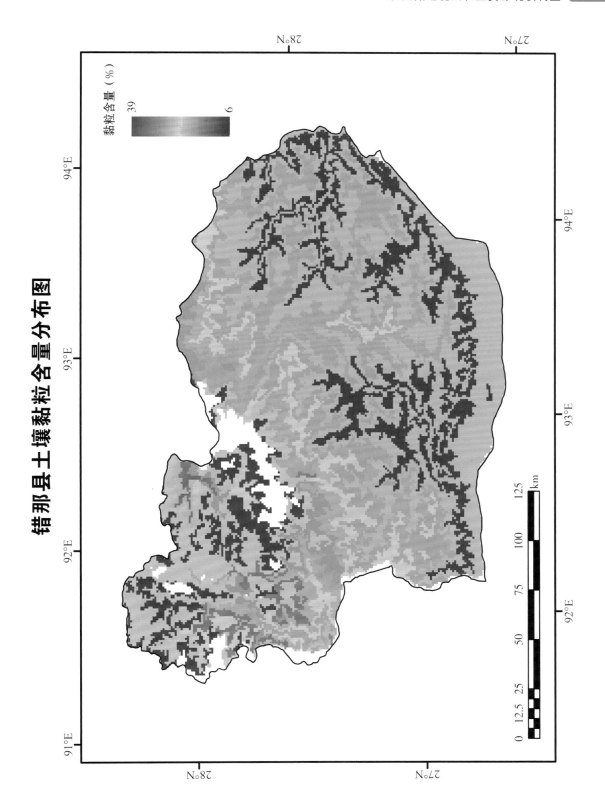

错那县土壤黏粒含量分布图

黏粒含量（%）

39

6

错那县土壤沙粒含量分布图

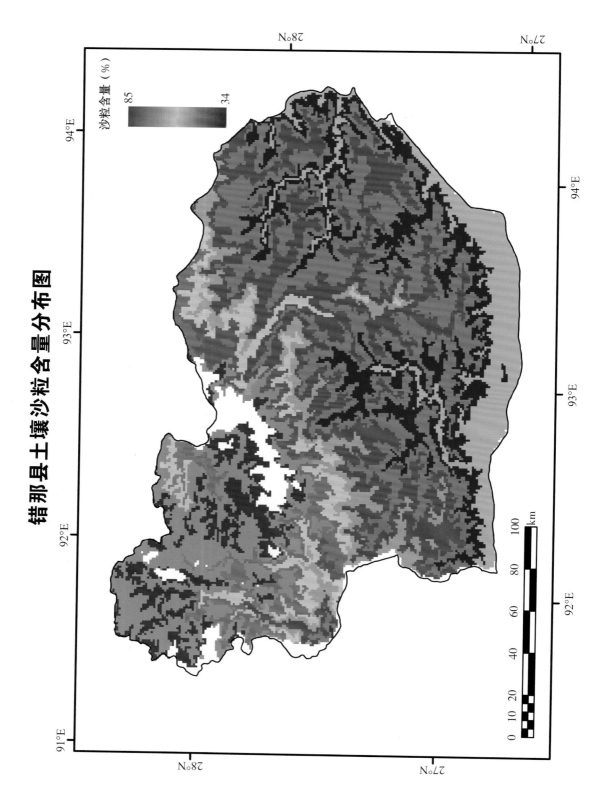

沙粒含量（%）

85

34

错那县年平均降水量分布图

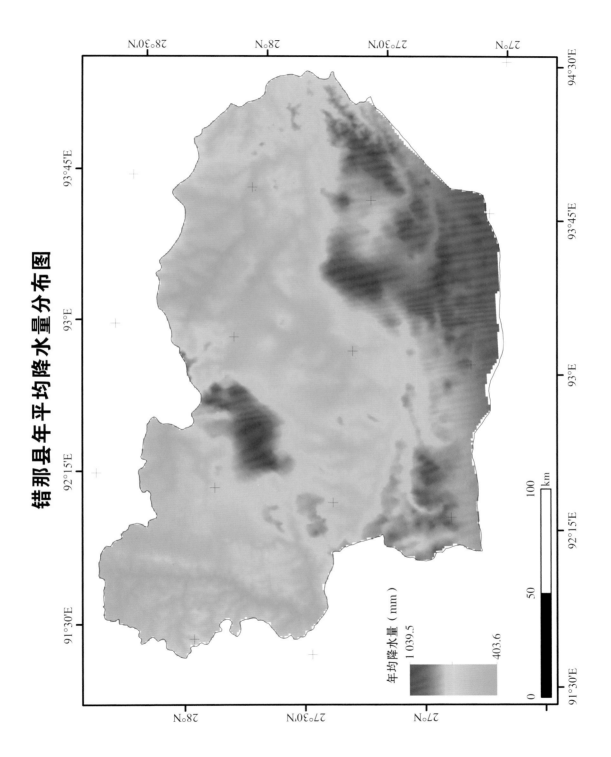

年均降水量（mm）
1 039.5
403.6

错那县年平均气温分布图

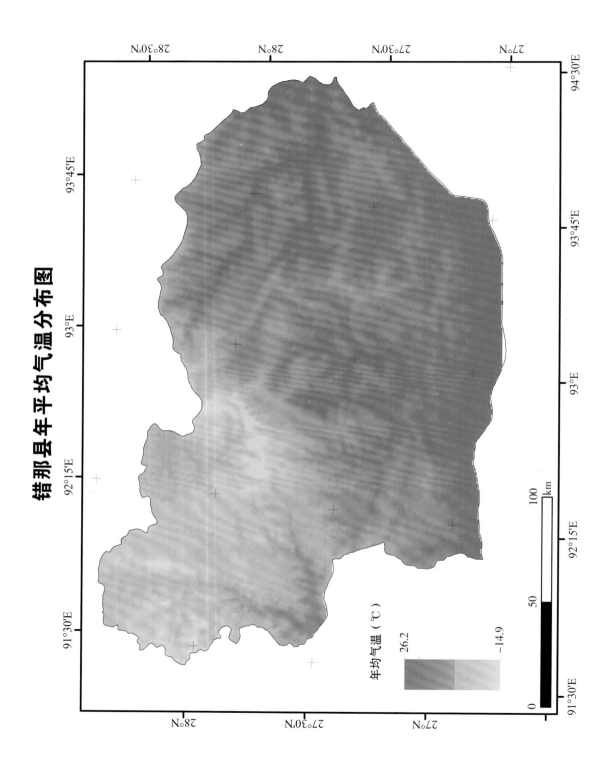

年均气温（℃）

26.2

−14.9

定结县

定结县土地利用现状图

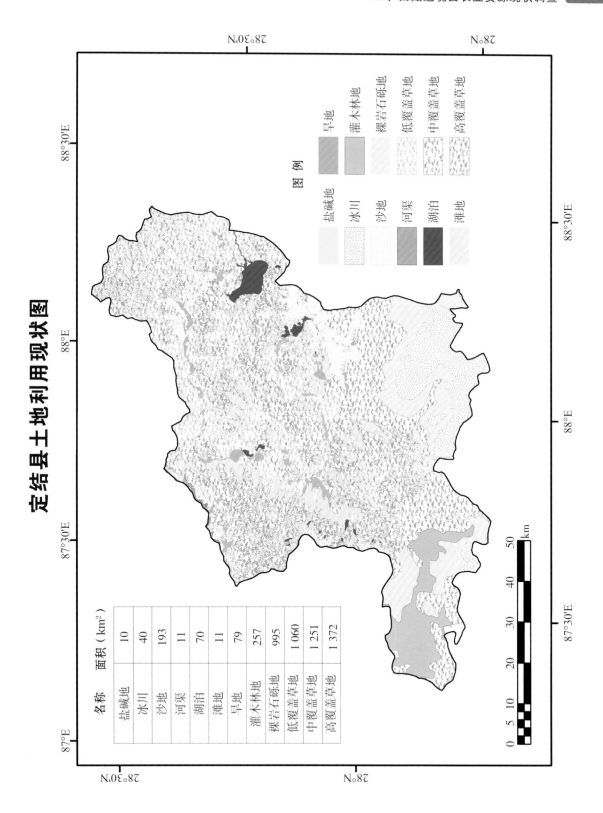

图 例

旱地
灌木林地
裸岩石砾地
低覆盖草地
中覆盖草地
高覆盖草地

盐碱地
冰川
沙地
河渠
湖泊
滩地

名称	面积（km²）
盐碱地	10
冰川	40
沙地	193
河渠	11
湖泊	70
滩地	11
旱地	79
灌木林地	257
裸岩石砾地	995
低覆盖草地	1 060
中覆盖草地	1 251
高覆盖草地	1 372

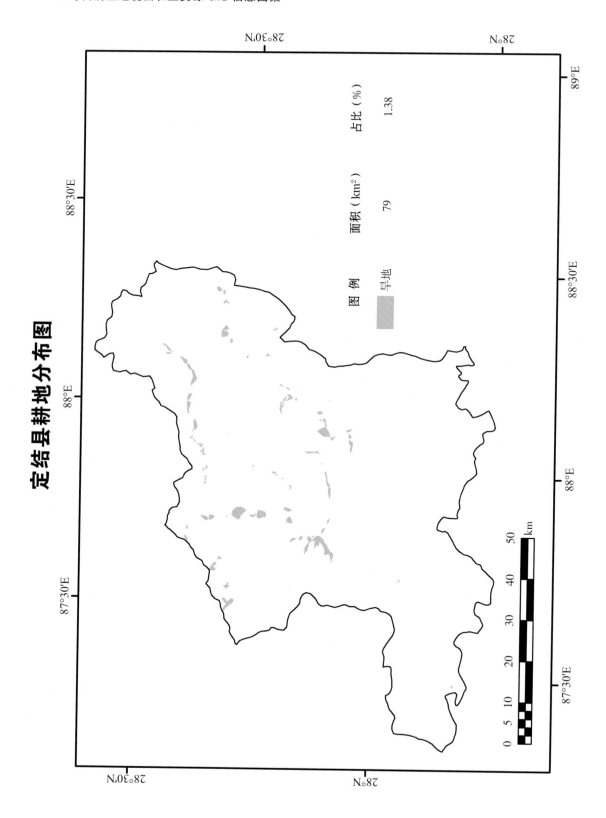

定结县耕地分布图

图 例	面积（km²）	占比（%）
旱地	79	1.38

定结县草地分布图

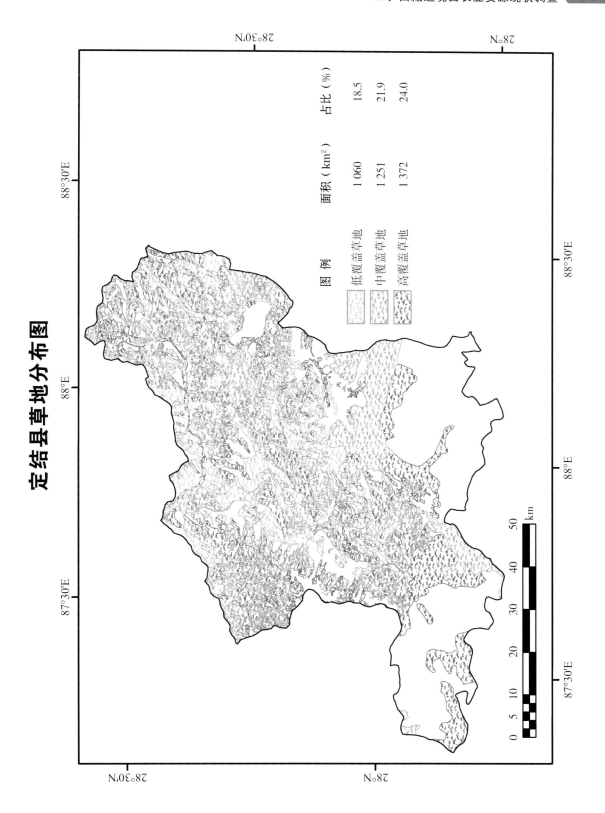

图 例	面积（km²）	占比（%）
低覆盖草地	1 060	18.5
中覆盖草地	1 251	21.9
高覆盖草地	1 372	24.0

定结县林地分布图

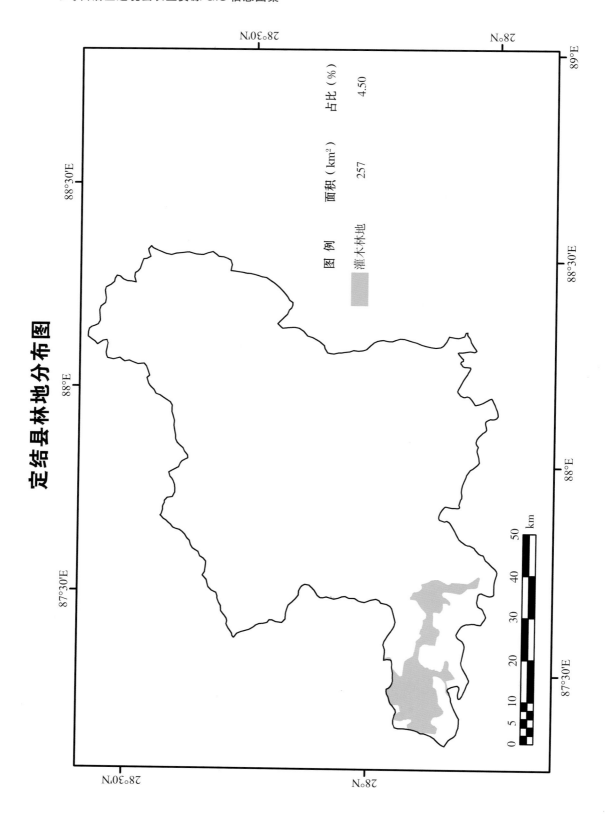

图　例	面积（km²）	占比（%）
灌木林地	257	4.50

0　5　10　20　30　40　50　km

定结县土壤侵蚀强度分布图

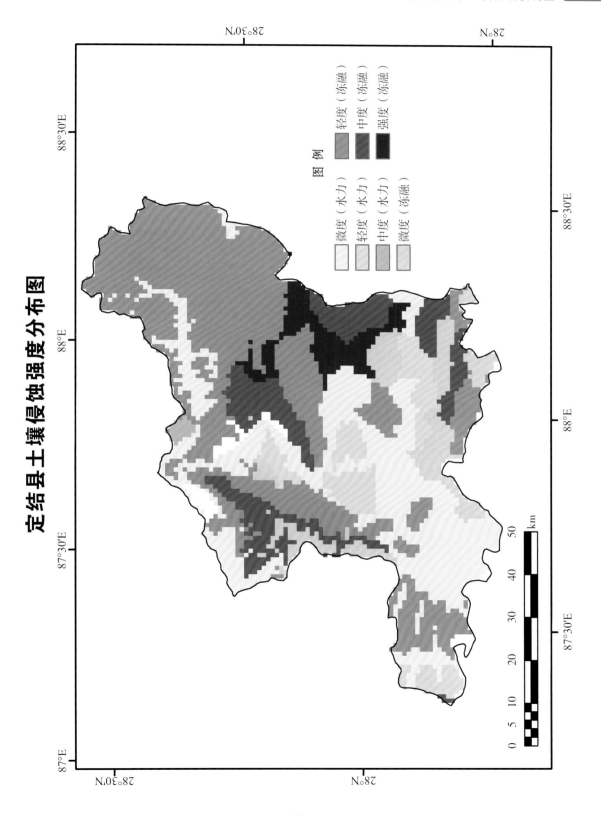

图例

微度（水力）
轻度（水力）
中度（水力）
微度（冻融）

轻度（冻融）
中度（冻融）
强度（冻融）

定结县土壤粉粒含量分布图

粉粒含量（%）

47

7

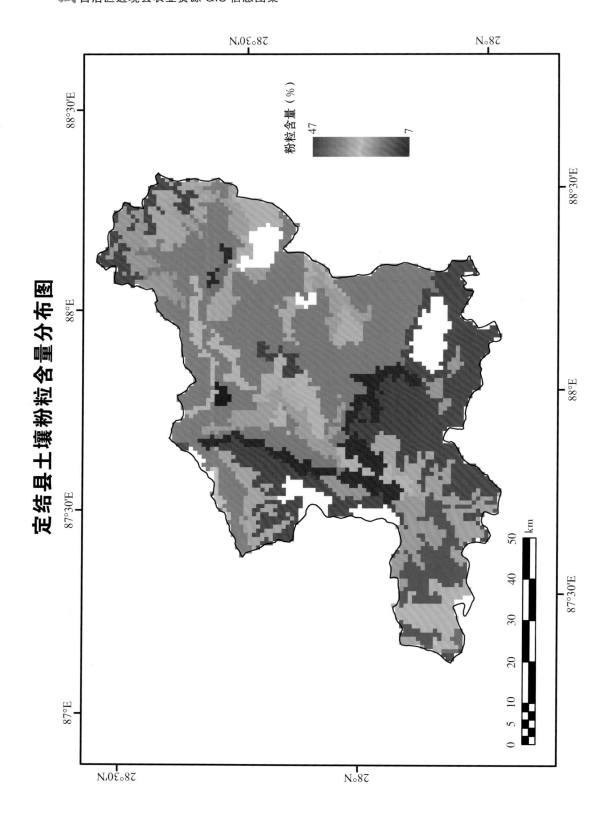

0 5 10 20 30 40 50 km

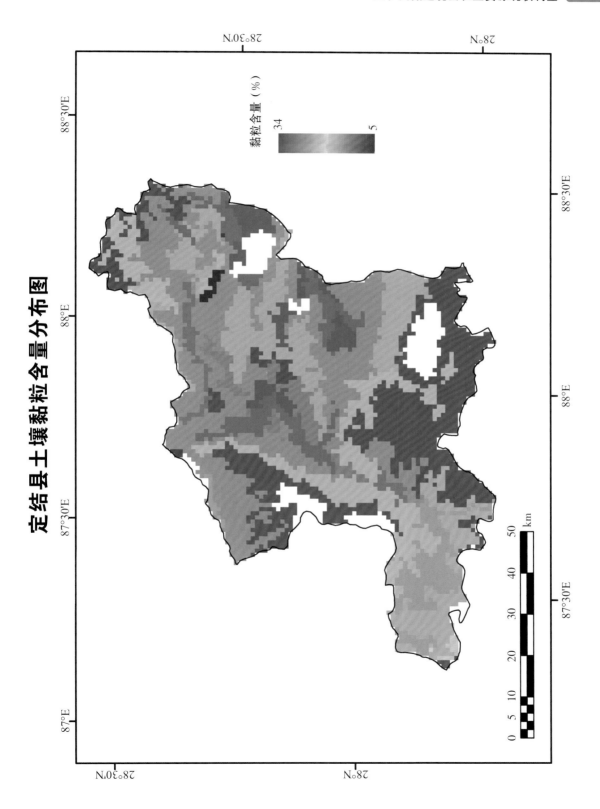

定结县土壤黏粒含量分布图

黏粒含量（%）

34

5

定结县土壤沙粒含量分布图

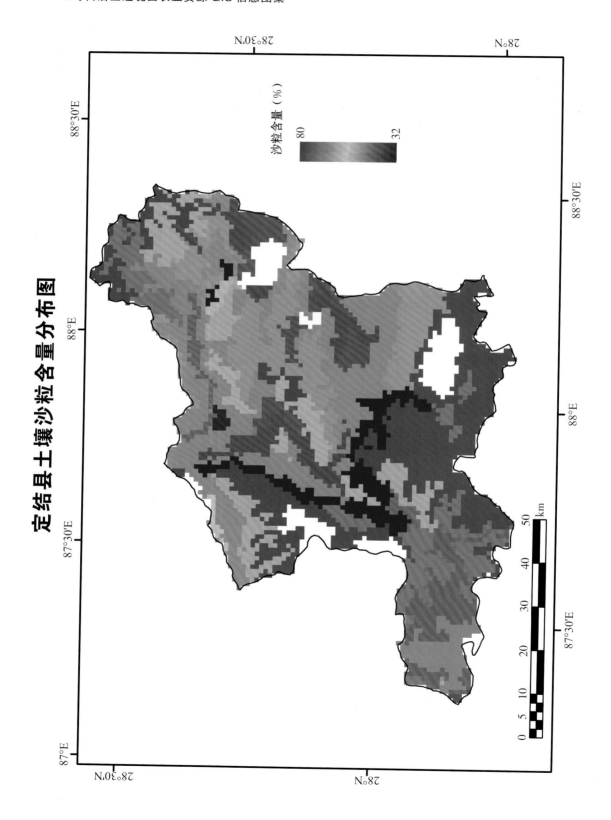

沙粒含量（%）

80

32

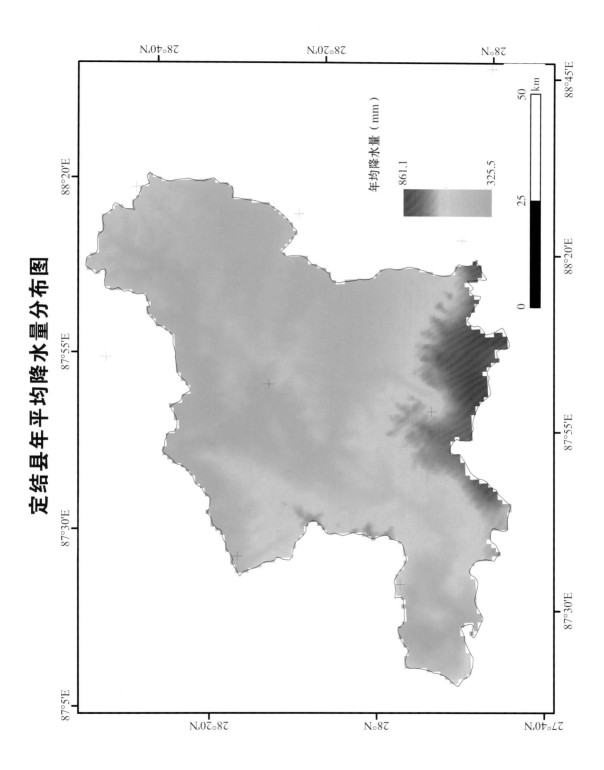

定结县年平均降水量分布图

年均降水量（mm）

861.1

325.5

km

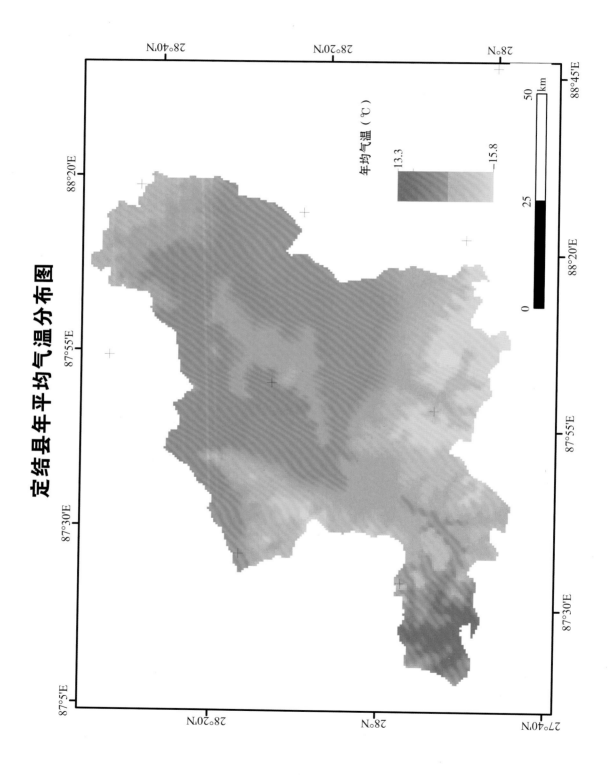

定结县年平均气温分布图

年均气温（℃）

13.3

−15.8

定 日 县

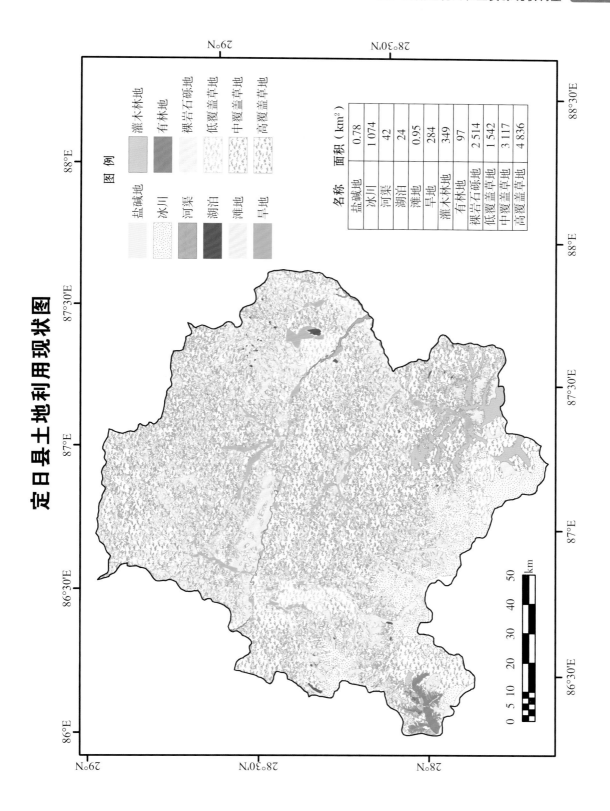

定日县土地利用现状图

图 例

名称	面积（km²）
盐碱地	0.78
冰川	1 074
河渠	42
湖泊	24
滩地	0.95
旱地	284
灌木林地	349
有林地	97
裸岩石砾地	2 514
低覆盖草草地	1 542
中覆盖草草地	3 117
高覆盖草草地	4 836

盐碱地　灌木林地
冰川　有林地
河渠　裸岩石砾地
湖泊　低覆盖草草地
滩地　中覆盖草草地
旱地　高覆盖草草地

0 5 10　20　30　40　50 km

定日县耕地分布图

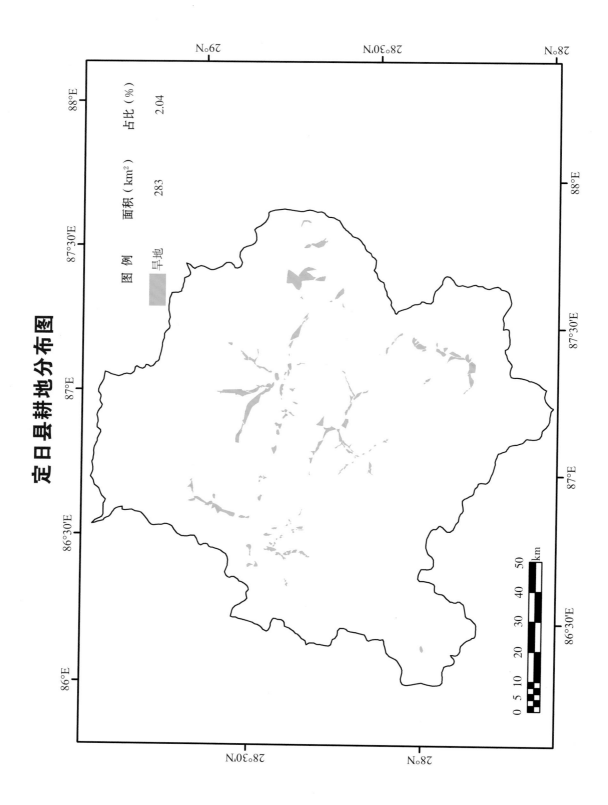

图 例	面积（km²）	占比（%）
旱地	283	2.04

0 5 10 20 30 40 50 km

定日县草地分布图

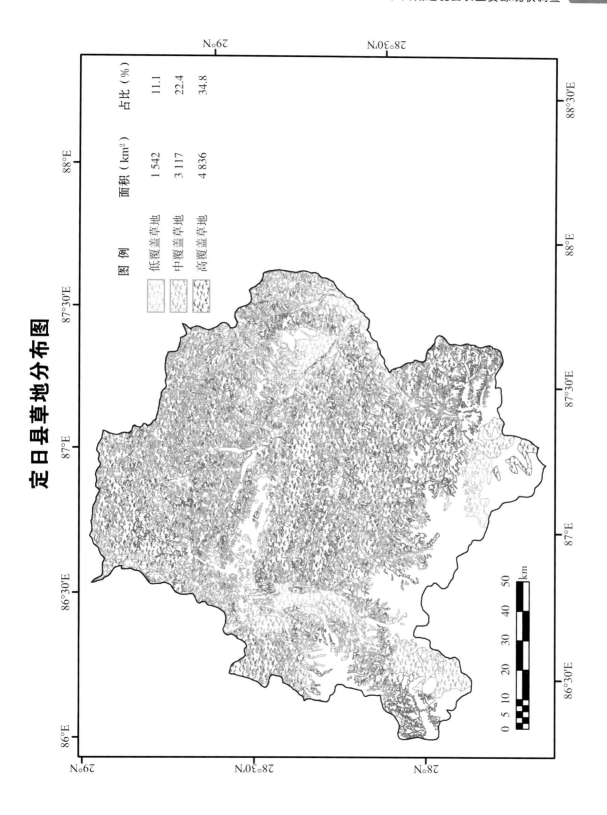

图 例	面积（km²）	占比（%）
低覆盖草地	1 542	11.1
中覆盖草地	3 117	22.4
高覆盖草地	4 836	34.8

0 5 10 20 30 40 50 km

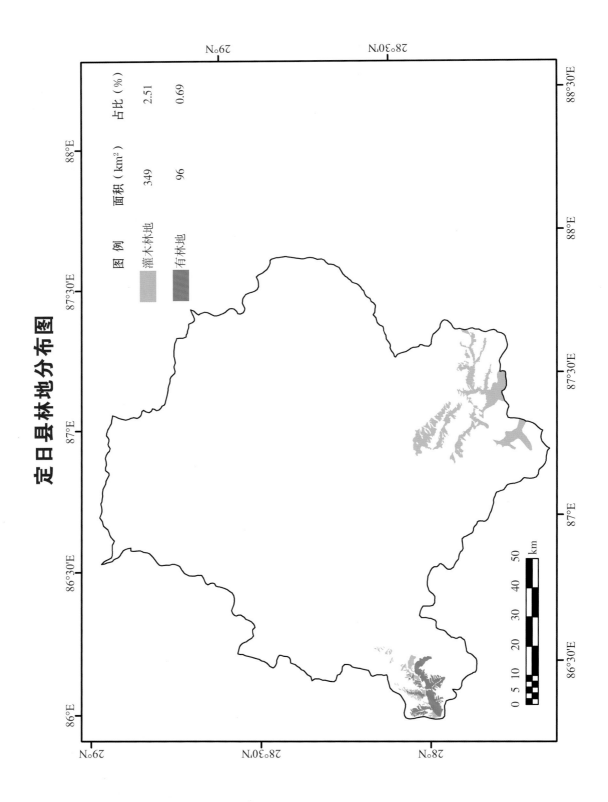

定日县林地分布图

图 例	面积（km²）	占比（%）
灌木林地	349	2.51
有林地	96	0.69

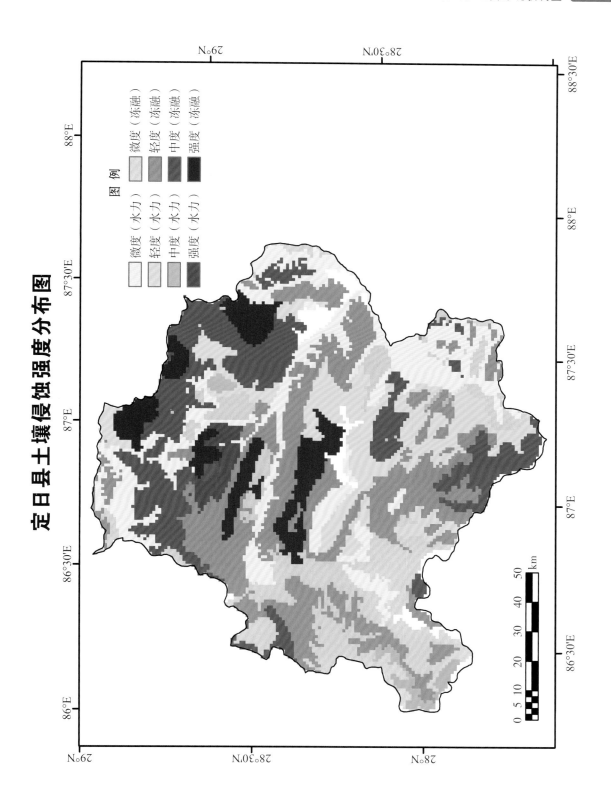

定日县土壤侵蚀强度分布图

图例

微度（水力）
轻度（水力）
中度（水力）
强度（水力）

微度（冻融）
轻度（冻融）
中度（冻融）
强度（冻融）

0 5 10 20 30 40 50 km

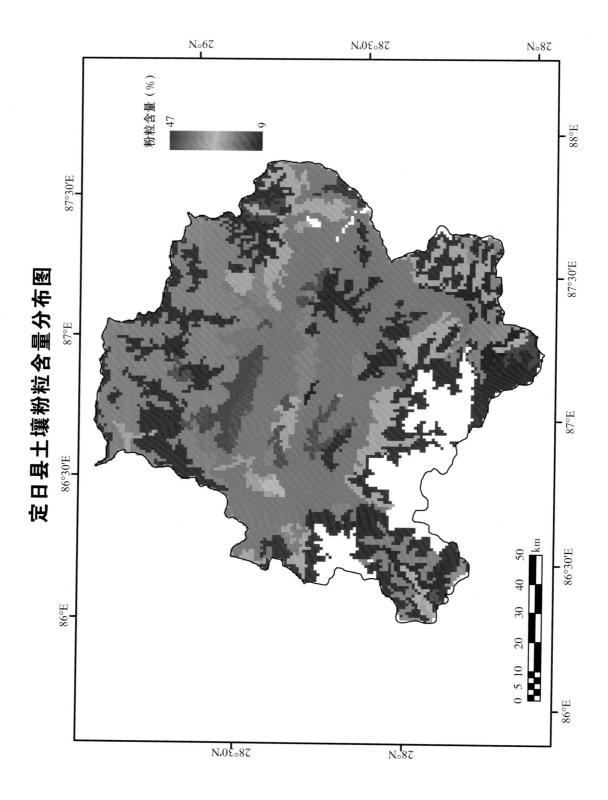

定日县土壤粉粒含量分布图

粉粒含量（%）

47

9

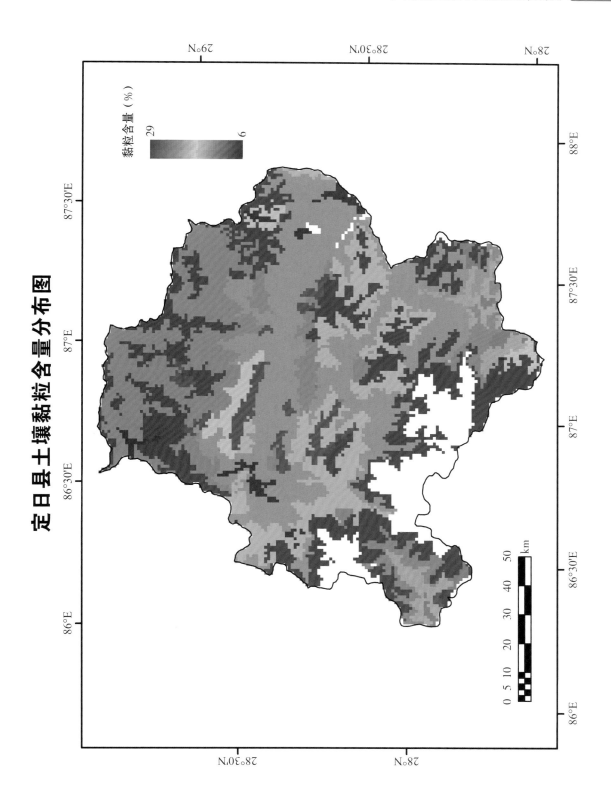

定日县土壤黏粒含量分布图

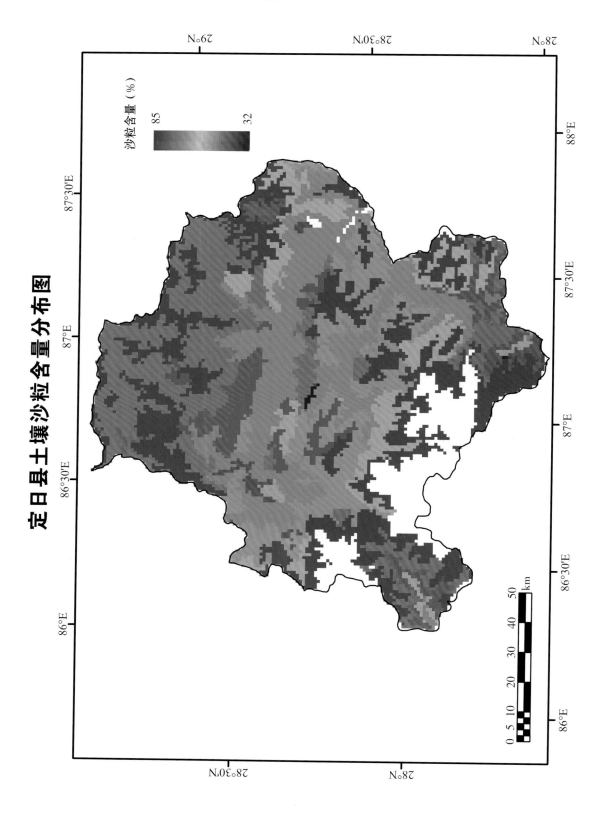

定日县土壤沙粒含量分布图

沙粒含量（%）

85

32

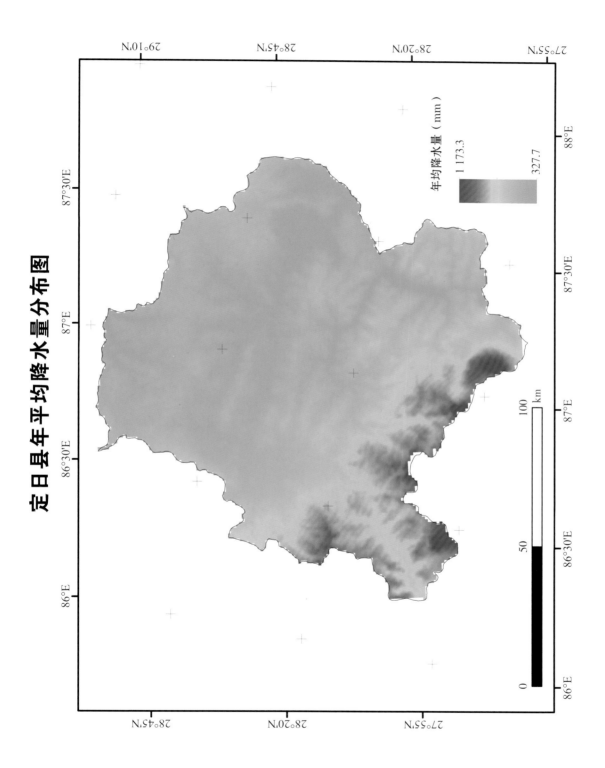

定日县年平均降水量分布图

年均降水量（mm）

1 173.3

327.7

定日县年平均气温分布图

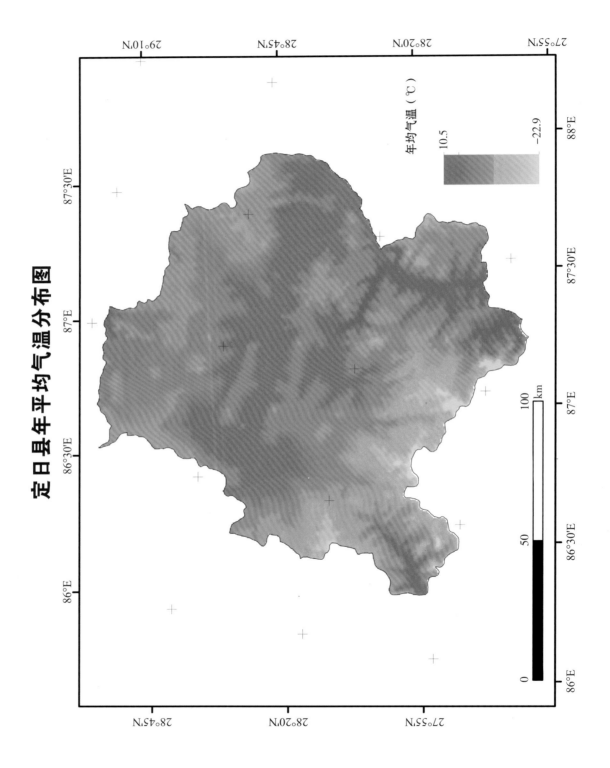

年均气温（℃）

10.5

−22.9

噶尔县

噶尔县土地利用现状图

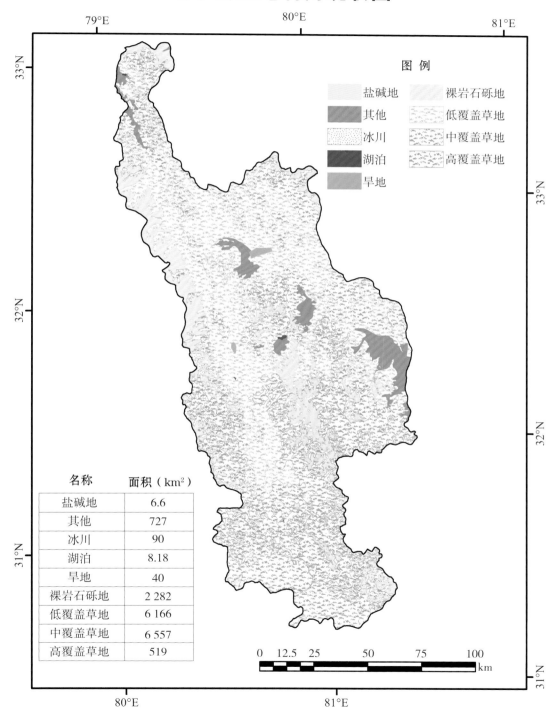

名称	面积（km²）
盐碱地	6.6
其他	727
冰川	90
湖泊	8.18
旱地	40
裸岩石砾地	2 282
低覆盖草地	6 166
中覆盖草地	6 557
高覆盖草地	519

图例

盐碱地　　裸岩石砾地
其他　　低覆盖草地
冰川　　中覆盖草地
湖泊　　高覆盖草地
旱地

0　12.5　25　　50　　75　　100 km

噶尔县耕地分布图

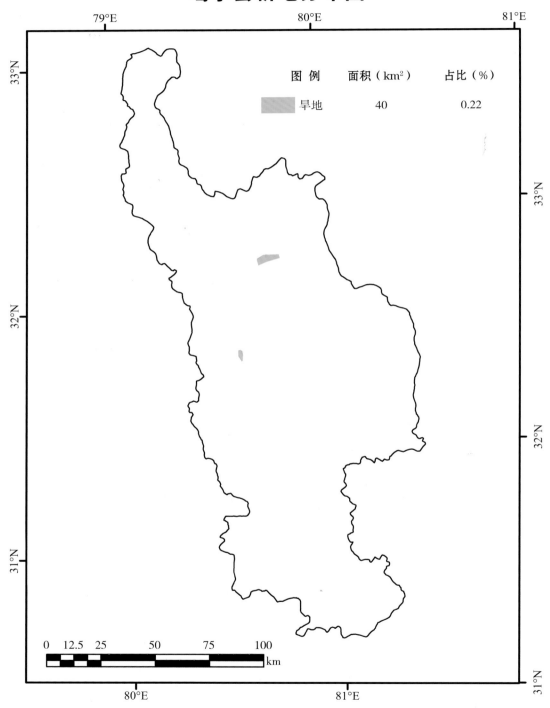

图 例	面积（km²）	占比（%）
旱地	40	0.22

噶尔县草地分布图

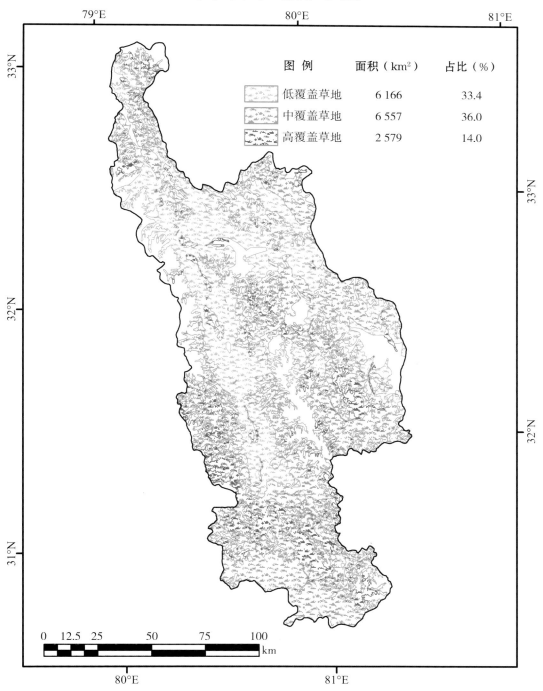

图 例	面积（km²）	占比（%）
低覆盖草地	6 166	33.4
中覆盖草地	6 557	36.0
高覆盖草地	2 579	14.0

噶尔县土壤侵蚀强度分布图

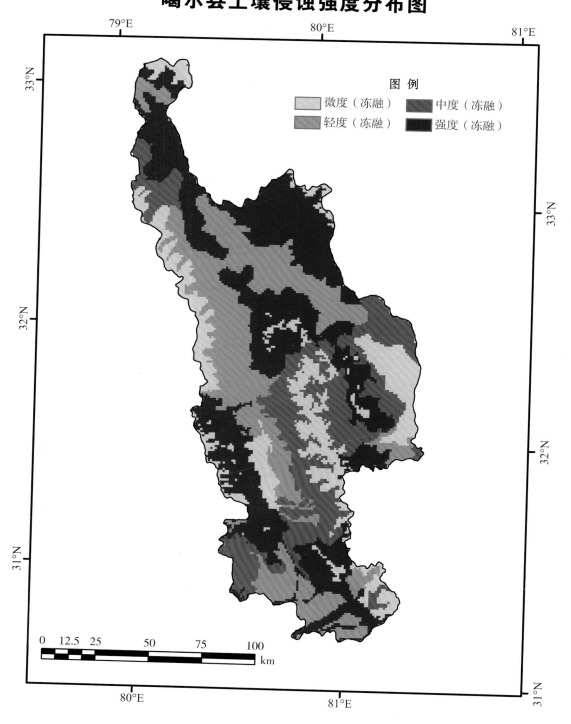

图 例
微度（冻融）　　中度（冻融）
轻度（冻融）　　强度（冻融）

噶尔县土壤粉粒含量分布图

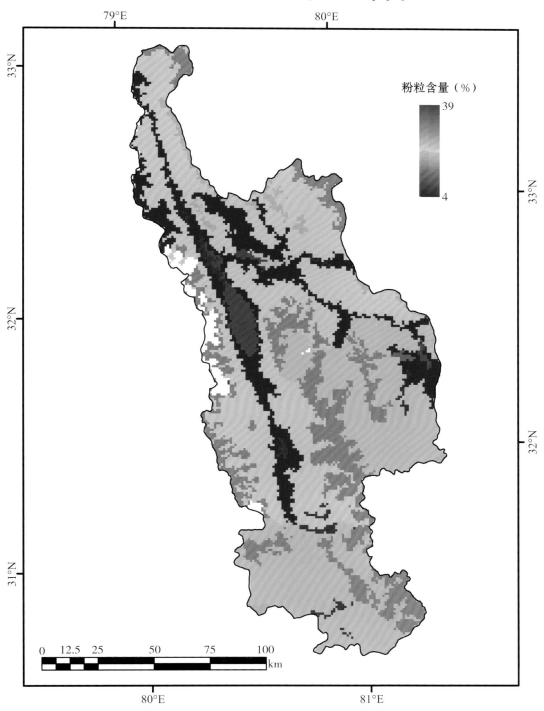

噶尔县土壤黏粒含量分布图

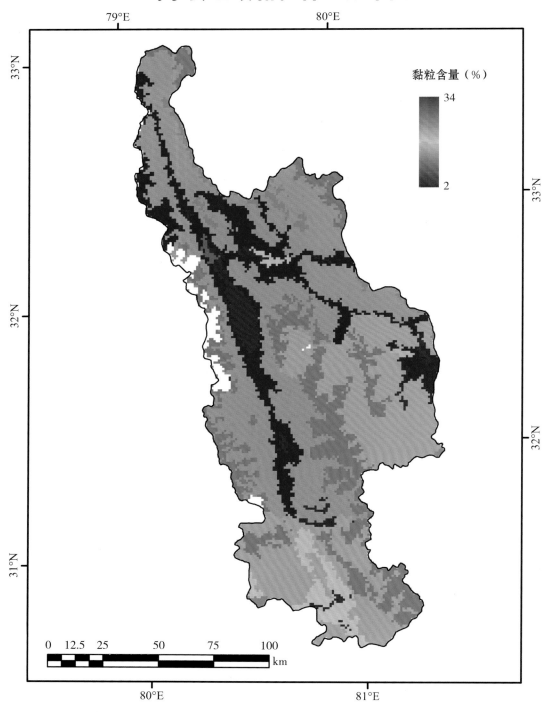

黏粒含量（%）

34

2

噶尔县土壤沙粒含量分布图

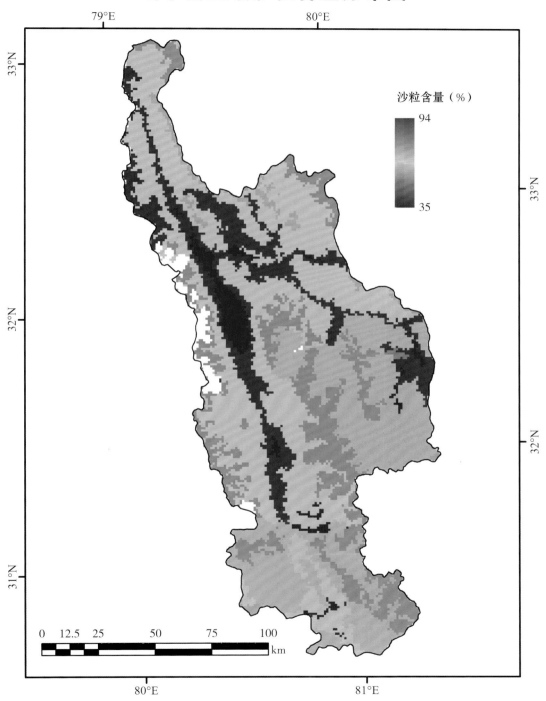

噶尔县年平均降水量分布图

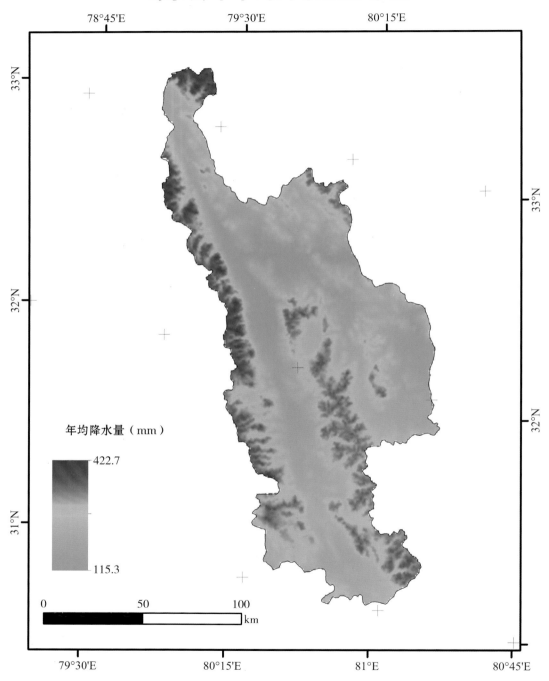

年均降水量（mm）

422.7

115.3

0   50   100
km

噶尔县年平均气温分布图

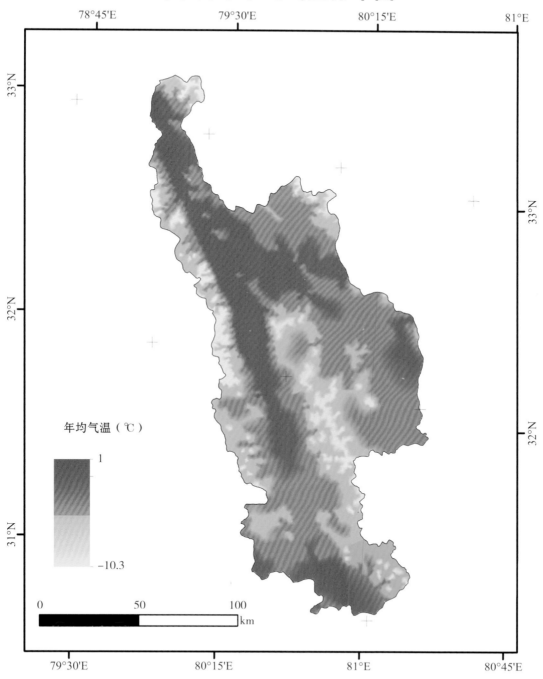

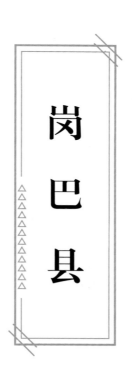

岗巴县

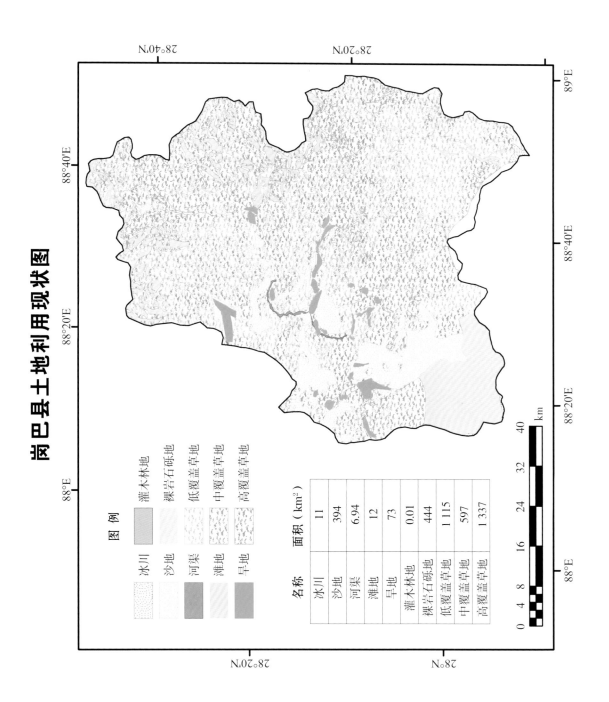

岗巴县土地利用现状图

图 例

名称	面积（km²）
冰川	11
沙地	394
河渠	6.94
滩地	12
旱地	73
灌木林地	0.01
裸岩石砾地	444
低覆盖度草地	1 115
中覆盖度草地	597
高覆盖度草地	1 337

冰川　灌木林地
沙地　裸岩石砾地
河渠　低覆盖度草地
滩地　中覆盖度草地
旱地　高覆盖度草地

0　4　8　16　24　32　40
km

岗巴县耕地分布图

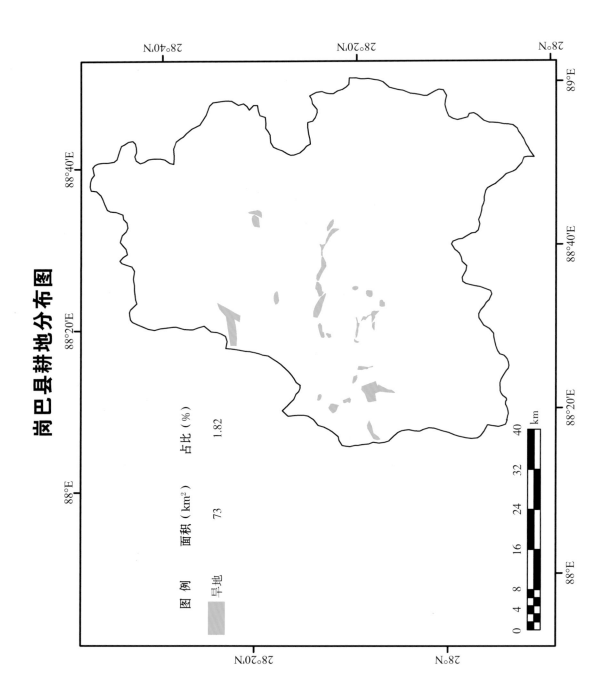

图 例	面积（km²）	占比（%）
旱地	73	1.82

0 4 8 16 24 32 40 km

岗巴县草地分布图

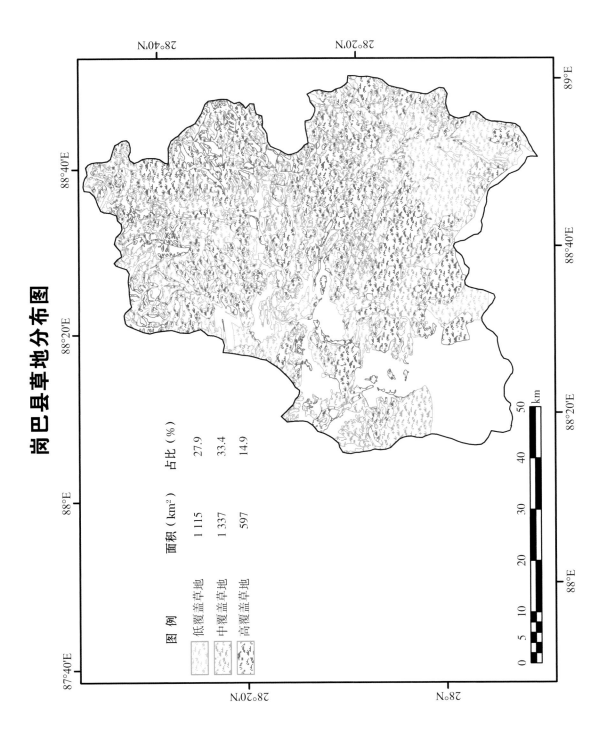

图 例	面积（km²）	占比（%）
低覆盖草地	1 115	27.9
中覆盖草地	1 337	33.4
高覆盖草地	597	14.9

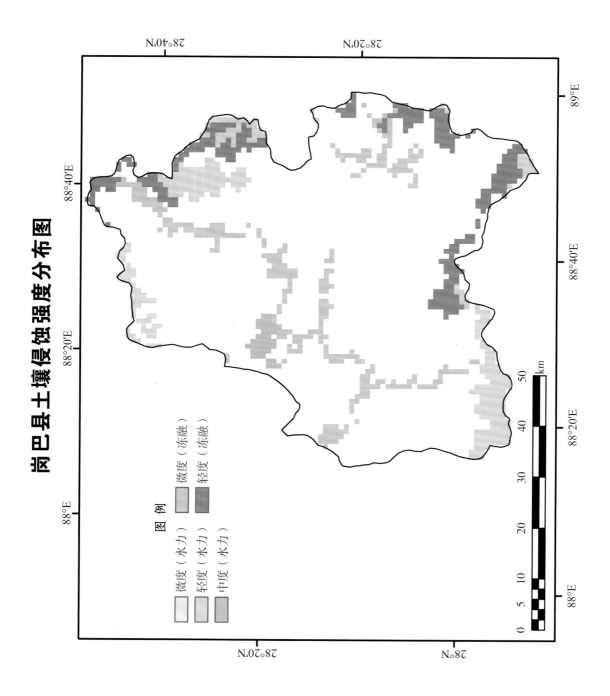

岗巴县土壤侵蚀强度分布图

图 例

微度（水力）
轻度（水力）
中度（水力）

微度（冻融）
轻度（冻融）

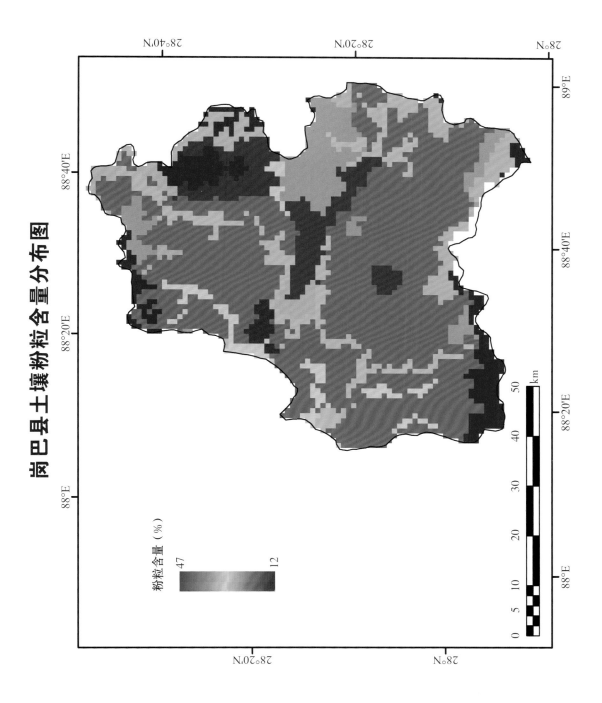

岗巴县土壤粉粒含量分布图

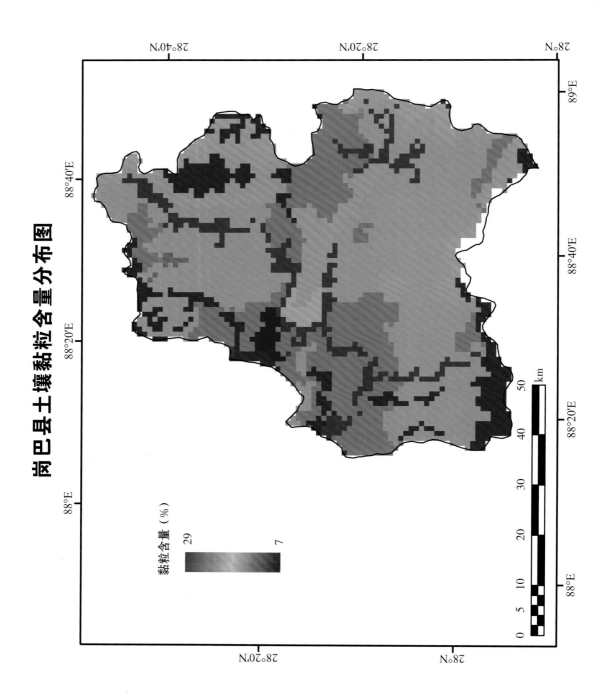

岗巴县土壤黏粒含量分布图

黏粒含量（%）

29

7

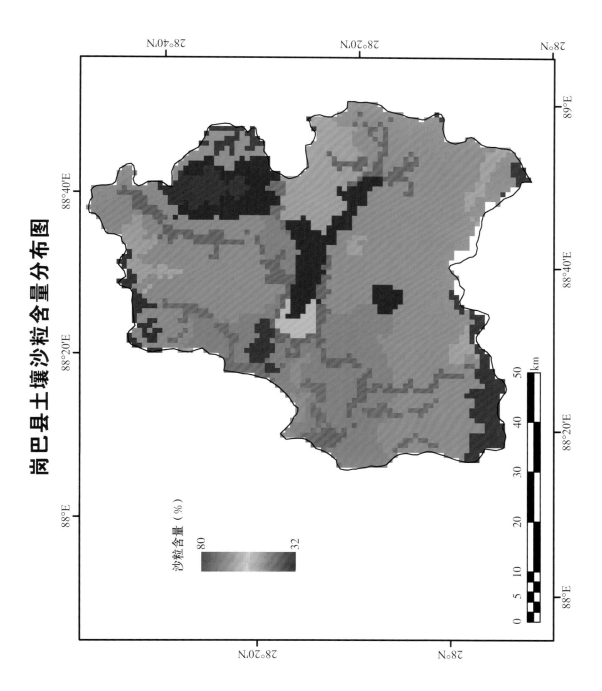

岗巴县土壤沙粒含量分布图

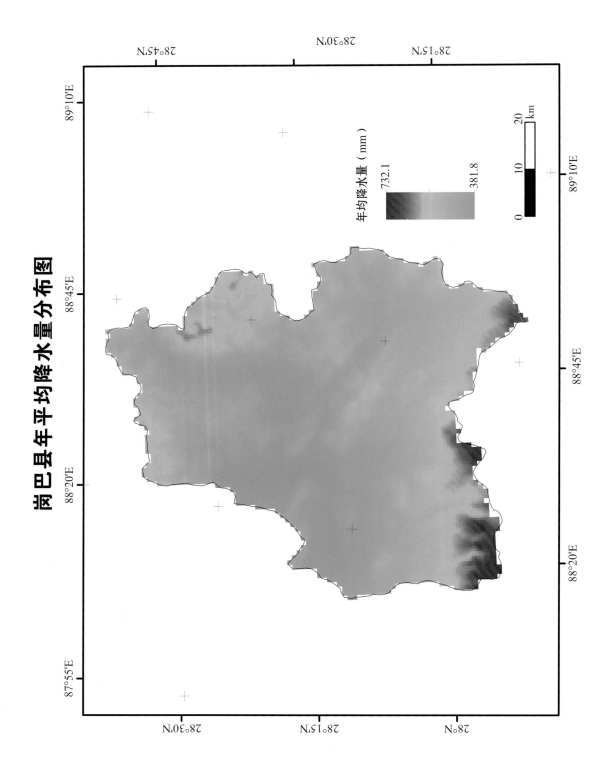

岗巴县年平均降水量分布图

年均降水量（mm）

732.1

381.8

岗巴县年平均气温分布图

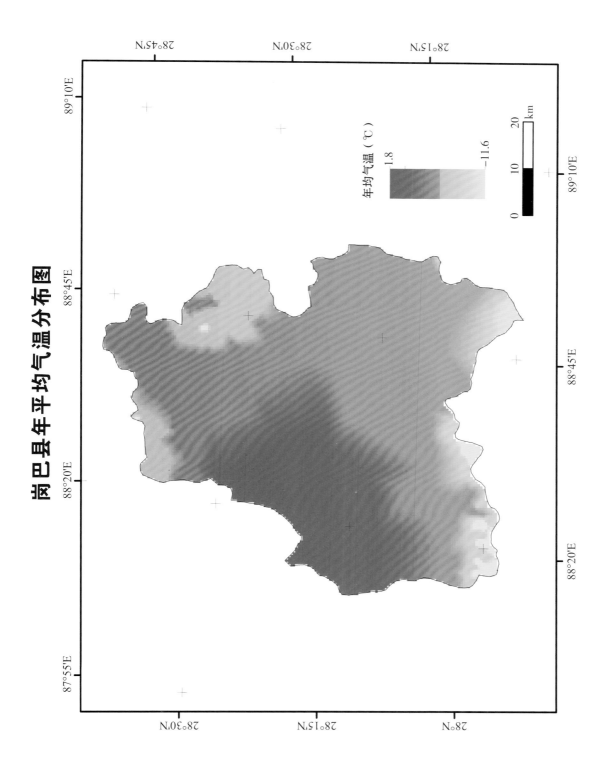

年均气温（℃）

1.8

-11.6

km

0 10 20

吉隆县

吉隆县土地利用现状图

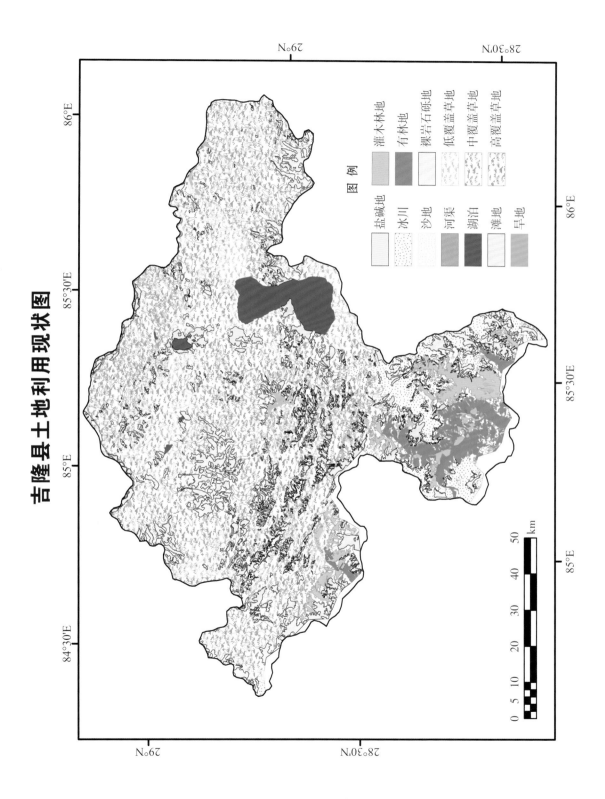

图例

灌木林地
有林地
裸岩石砾地
低覆盖草草地
中覆盖草草地
高覆盖草草地

盐碱地
水川
沙地
河渠
湖泊
滩地
旱地

0 5 10 20 30 40 50 km

吉隆县耕地分布图

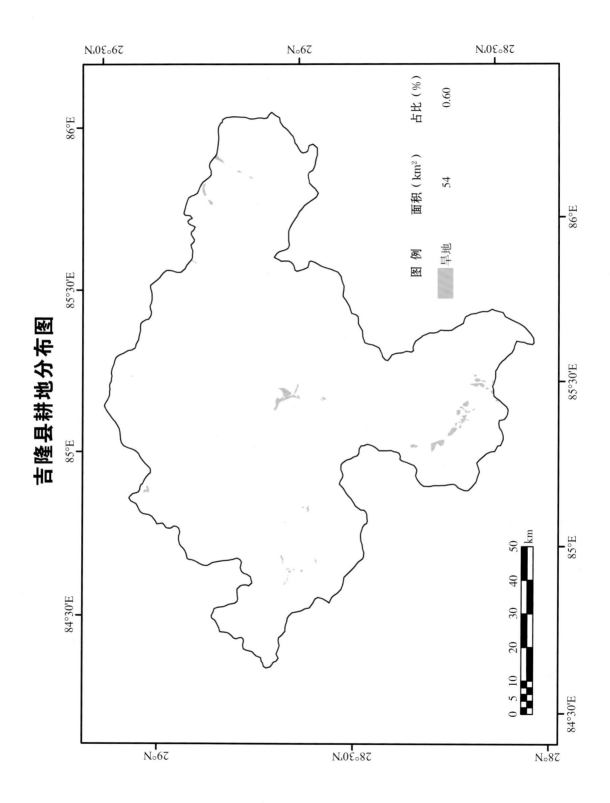

图例	面积（km²）	占比（%）
旱地	54	0.60

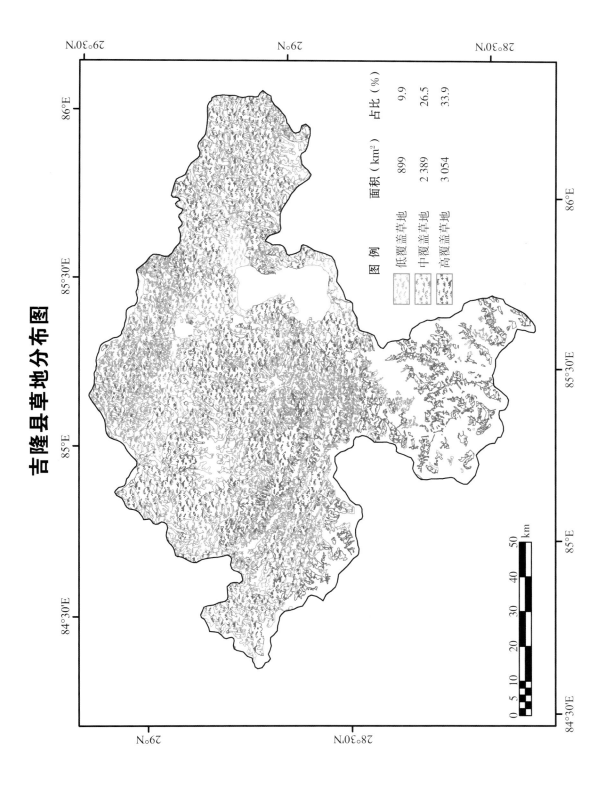

吉隆县草地分布图

图例		面积（km²）	占比（%）
低覆盖草地		899	9.9
中覆盖草地		2 389	26.5
高覆盖草地		3 054	33.9

吉隆县林地分布图

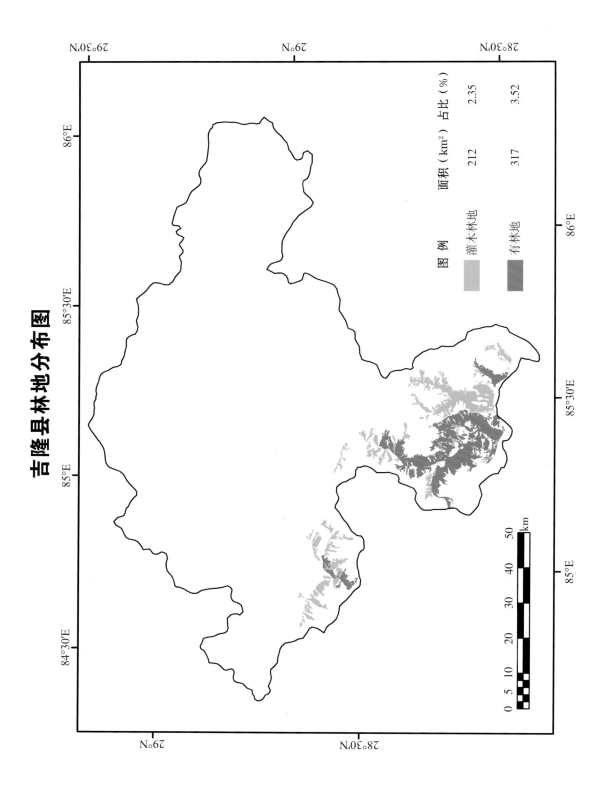

图例	面积（km²）	占比（%）
灌木林地	212	2.35
有林地	317	3.52

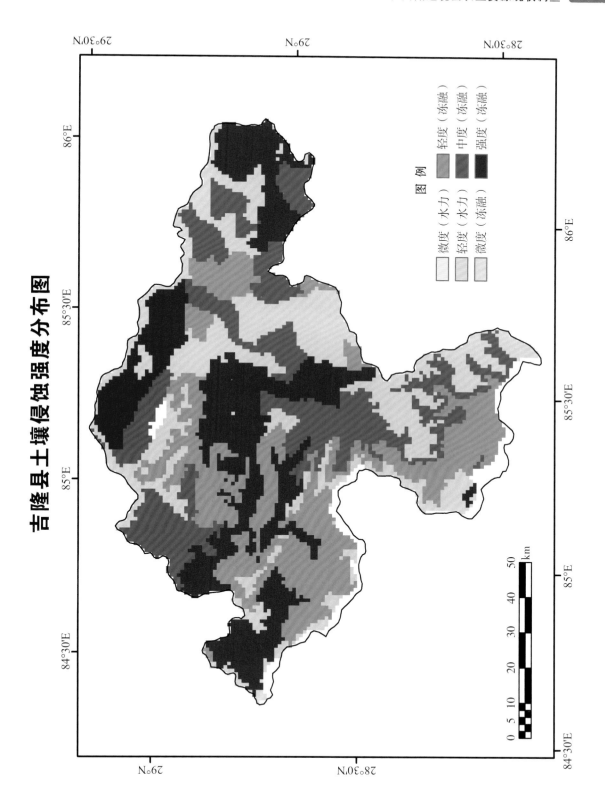

吉隆县土壤侵蚀强度分布图

图 例

微度（水力）　　轻度（冻融）

轻度（水力）　　中度（冻融）

微度（冻融）　　强度（冻融）

吉隆县土壤粉粒含量分布图

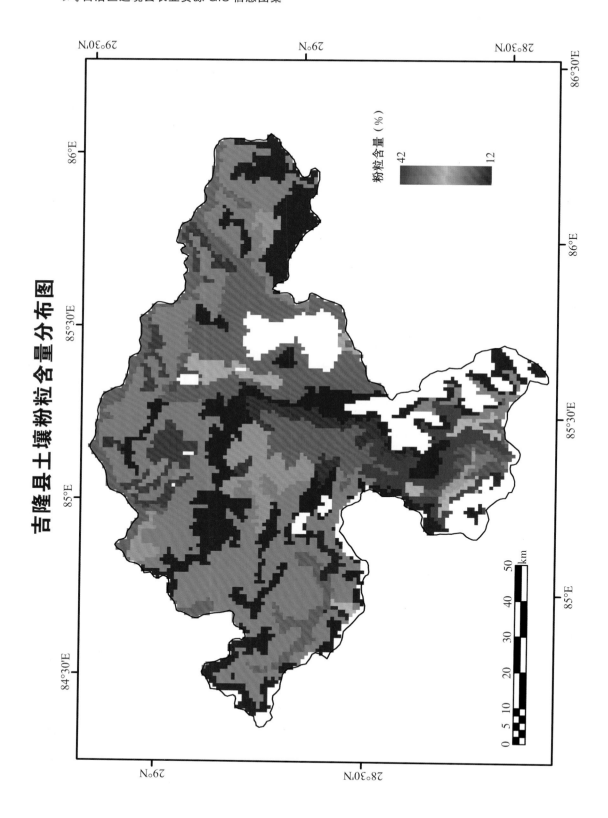

粉粒含量（%）

42

12

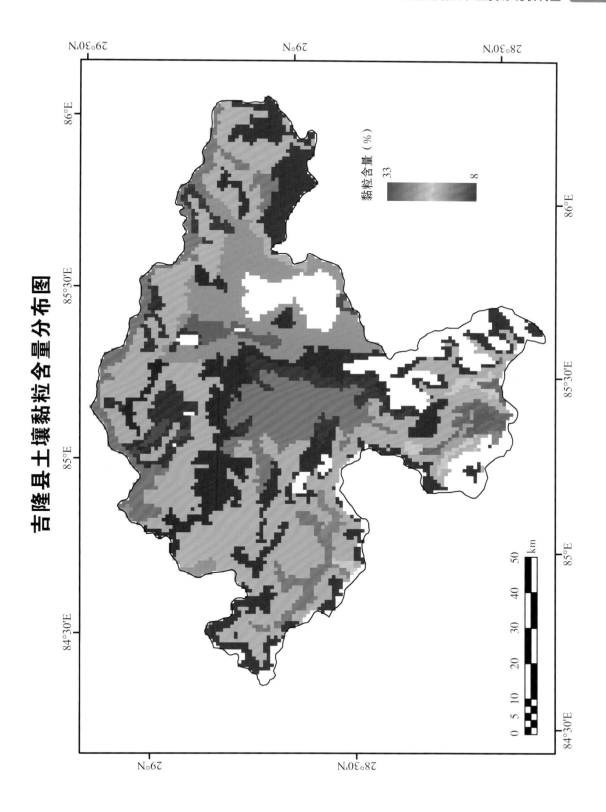

吉隆县土壤黏粒含量分布图

黏粒含量（%）

33

8

0 5 10 20 30 40 50
km

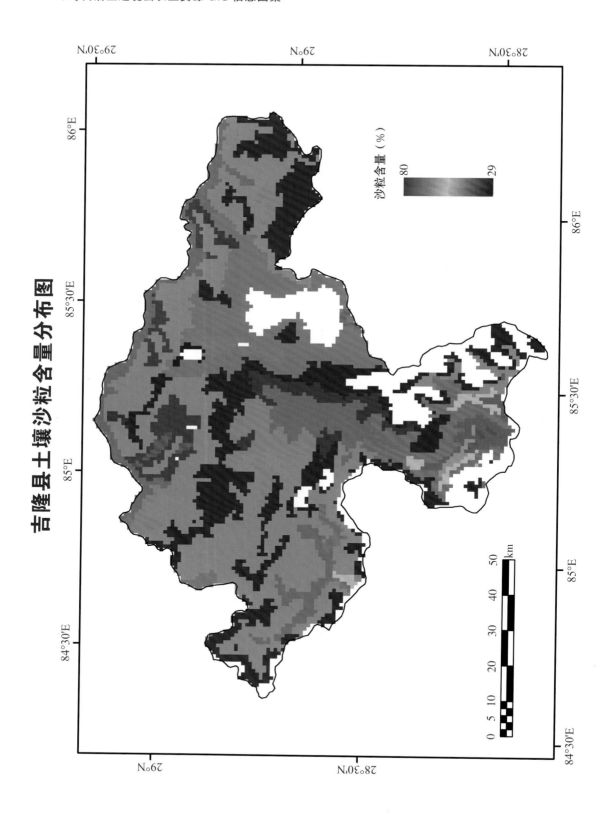

吉隆县土壤沙粒含量分布图

沙粒含量（%）

80

29

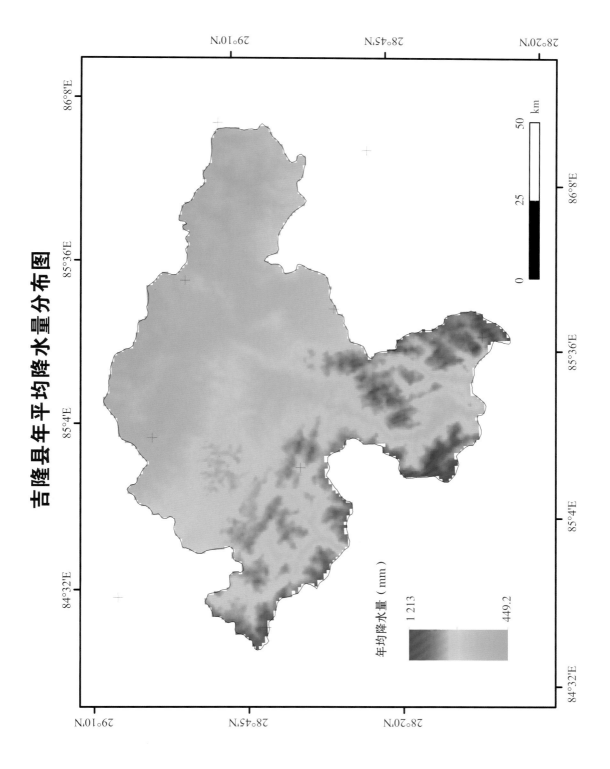

吉隆县年平均降水量分布图

吉隆县年平均气温分布图

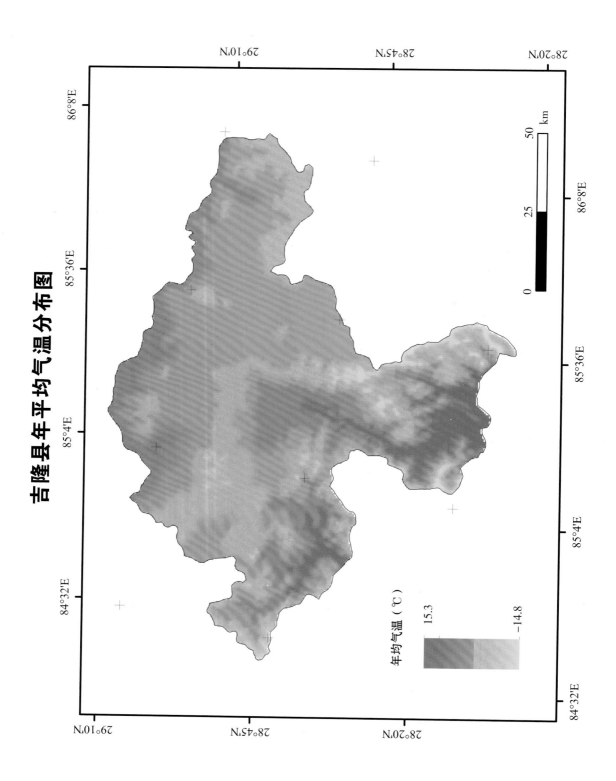

年均气温（℃）

15.3

-14.8

康马县

康马县土地利用现状图

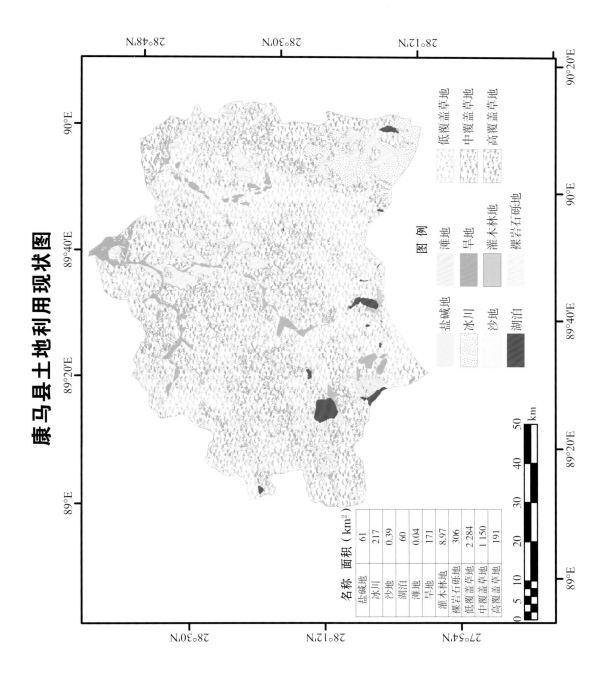

名称	面积（km²）
盐碱地	61
冰川	217
沙地	0.39
湖泊	60
滩地	0.04
旱地	171
灌木林地	8.97
裸岩石砾地	306
低覆盖草地	2 284
中覆盖草地	1 150
高覆盖草地	191

图例

盐碱地　冰川　沙地　湖泊

滩地　旱地　灌木林地　裸岩石砾地

低覆盖草地　中覆盖草地　高覆盖草地

0 5 10　20　30　40　50 km

康马县耕地分布图

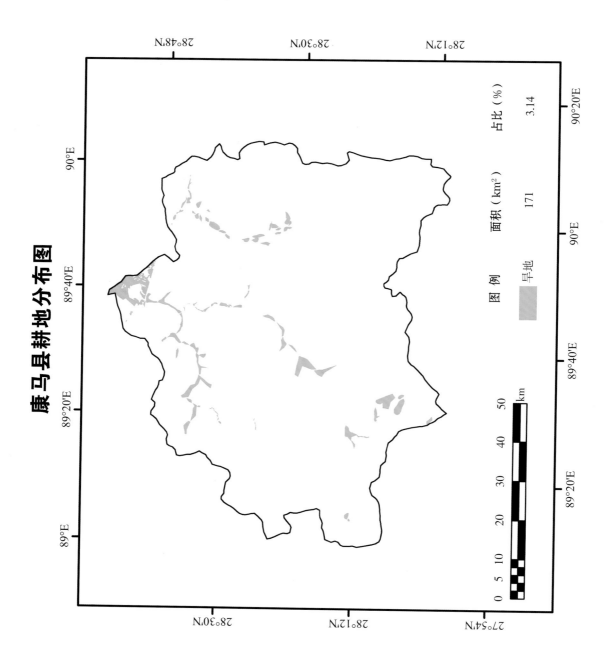

图例

	旱地
	面积（km²）
	171
	占比（%）
	3.14

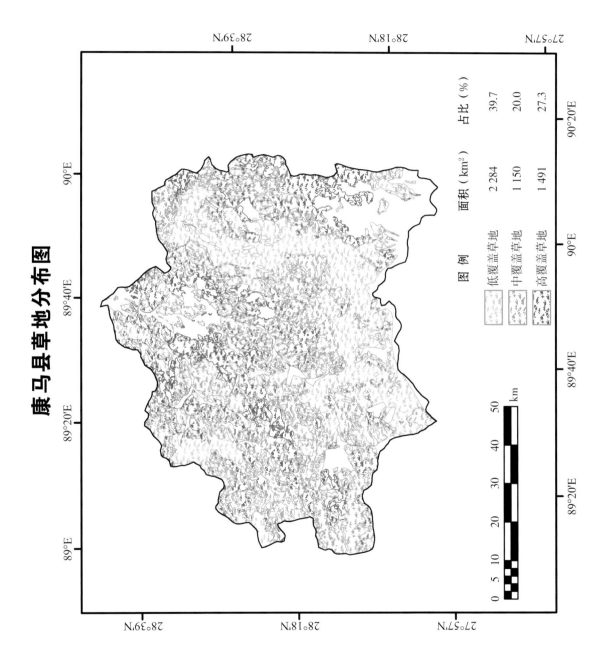

康马县草地分布图

图例		面积（km²）	占比（%）
	低覆盖草地	2 284	39.7
	中覆盖草地	1 150	20.0
	高覆盖草地	1 491	27.3

康马县林地分布图

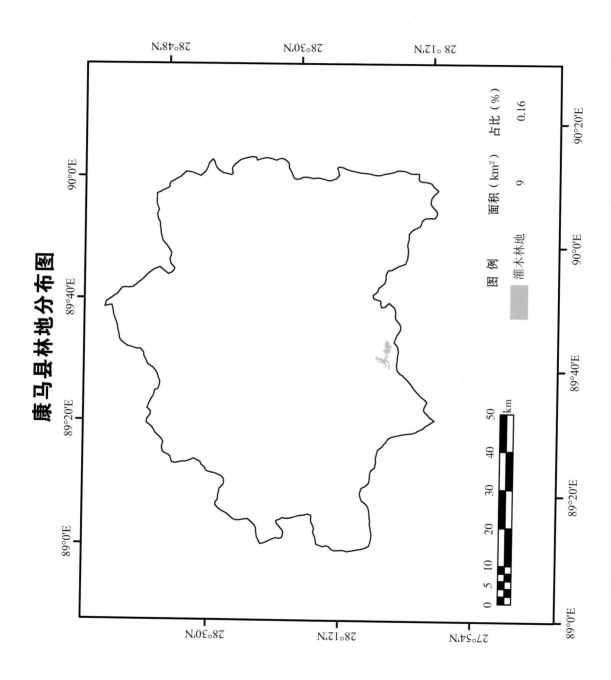

图 例	面积（km²）	占比（%）
灌木林地	9	0.16

0 5 10 20 30 40 50 km

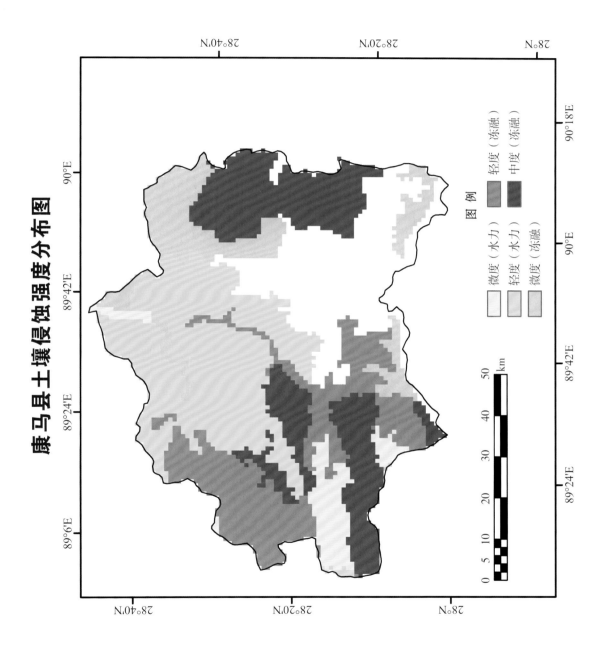

康马县土壤侵蚀强度分布图

康马县土壤粉粒含量分布图

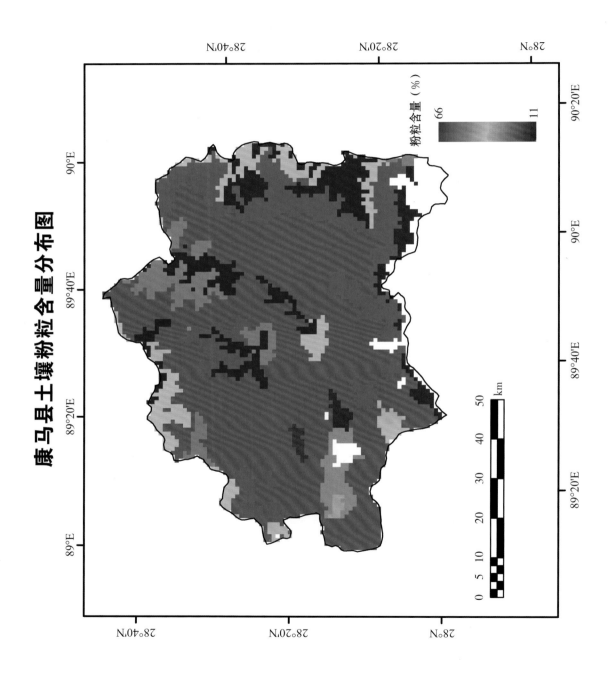

粉粒含量（%）

66

11

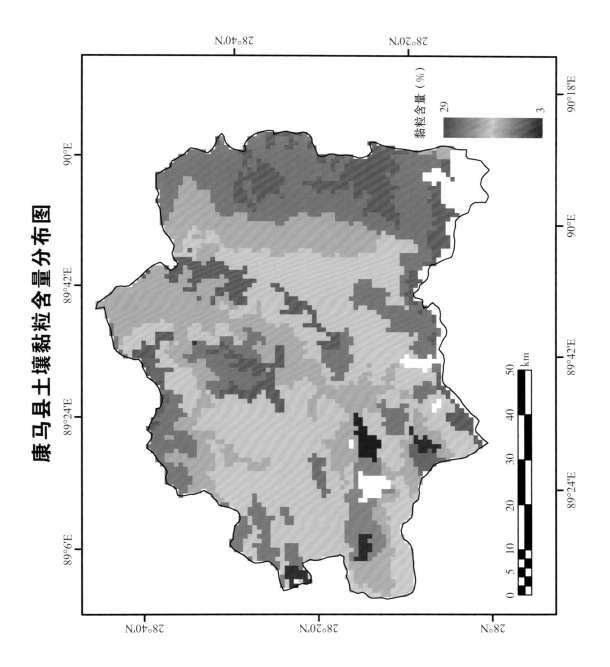

康马县土壤黏粒含量分布图

康马县土壤沙粒含量分布图

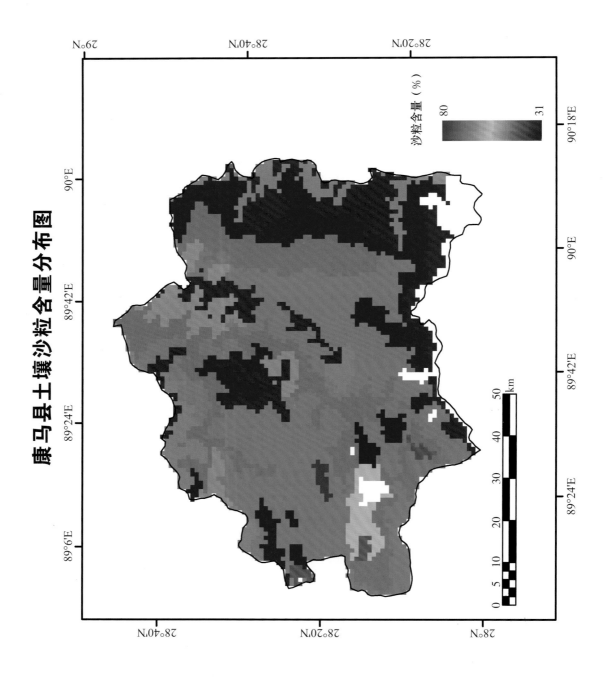

沙粒含量（%）

80

31

康马县年平均降水量分布图

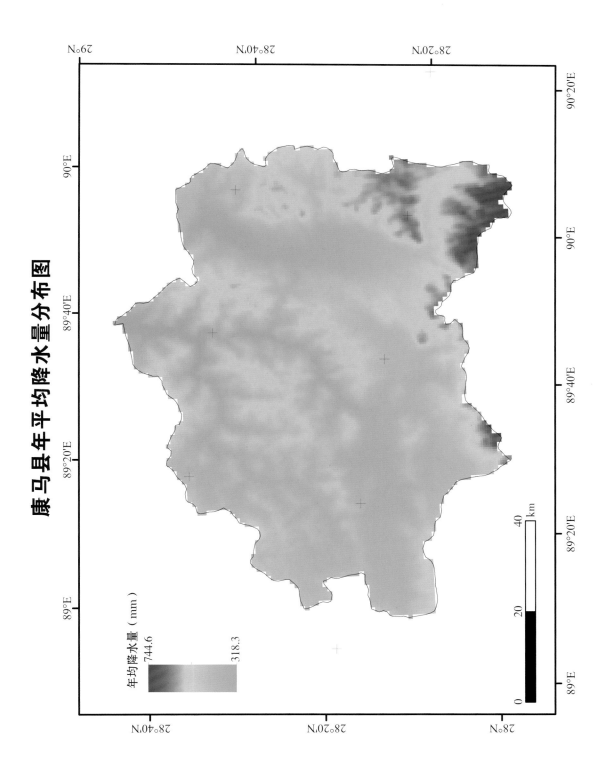

年均降水量（mm）

744.6

318.3

康马县年平均气温分布图

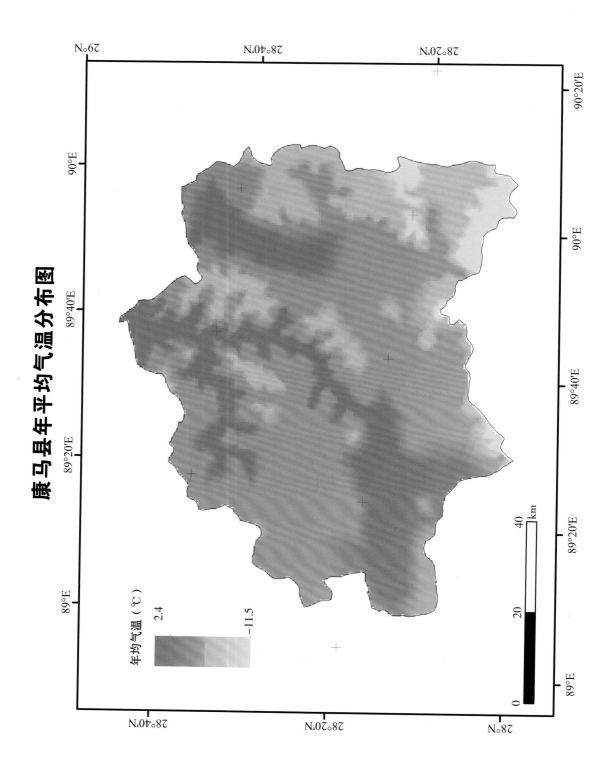

年均气温（℃）

2.4

-11.5

朗 县

朗县土地利用现状图

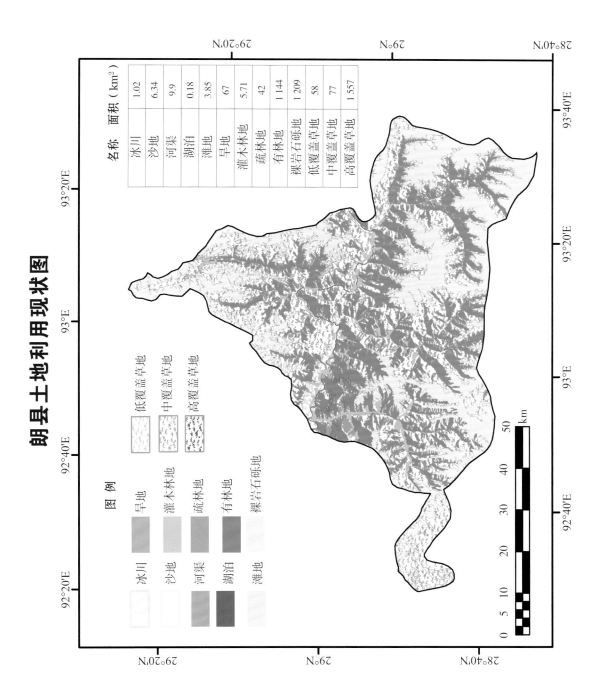

名　称	面积（km²）
冰川	1.02
沙地	6.34
河渠	9.9
湖泊	0.18
滩地	3.85
旱地	67
灌木林地	5.71
疏林地	42
有林地	1 144
裸岩石砾地	1 209
低覆盖草地	58
中覆盖草地	77
高覆盖草地	1 557

图例

冰川
沙地
河渠
湖泊
滩地

旱地
灌木林地
疏林地
有林地
裸岩石砾地

低覆盖草地
中覆盖草地
高覆盖草地

0　5　10　　20　　30　　40　　50
km

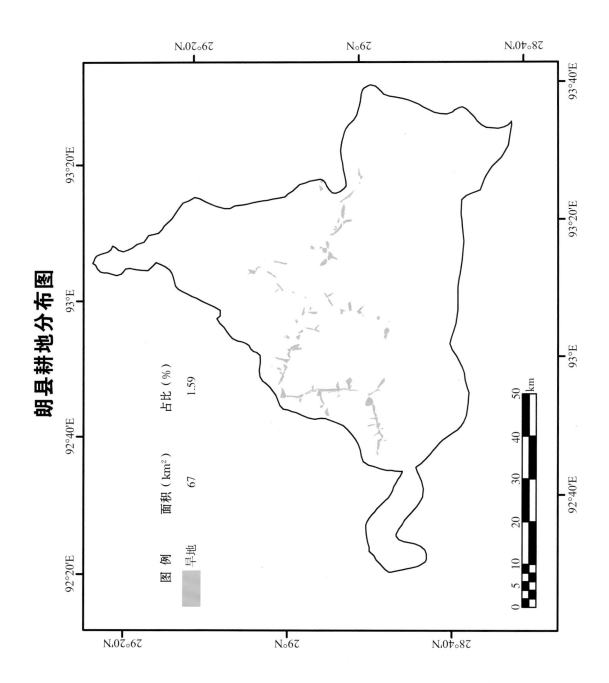

朗县耕地分布图

图　例　　面积（km²）　　占比（%）

旱地　　　67　　　　1.59

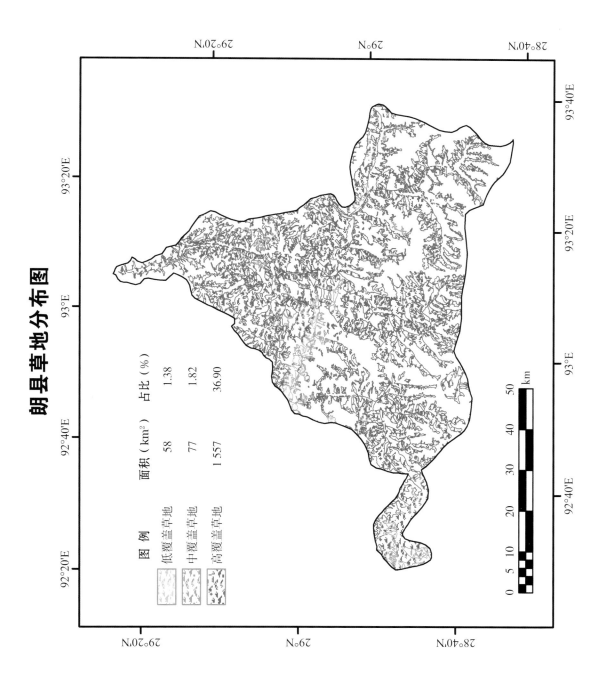

朗县草地分布图

图 例	面积（km²）	占比（%）
低覆盖草地	58	1.38
中覆盖草地	77	1.82
高覆盖草地	1 557	36.90

朗县林地分布图

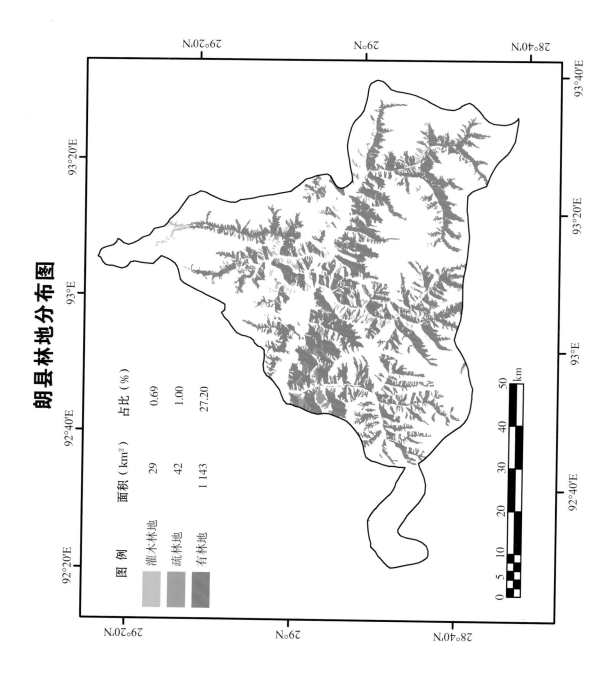

图 例	面积（km²）	占比（%）
灌木林地	29	0.69
疏林地	42	1.00
有林地	1 143	27.20

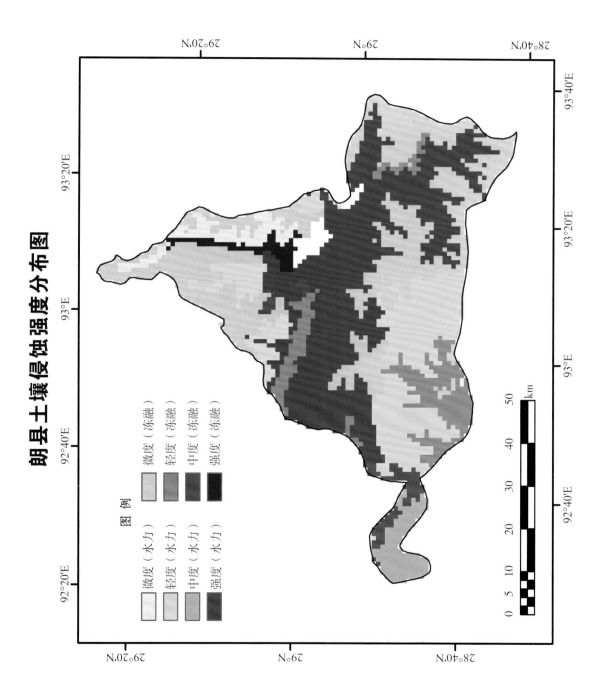

朗县土壤侵蚀强度分布图

图例

微度（水力）
轻度（水力）
中度（水力）
强度（水力）

微度（冻融）
轻度（冻融）
中度（冻融）
强度（冻融）

0 5 10   20   30   40   50
km

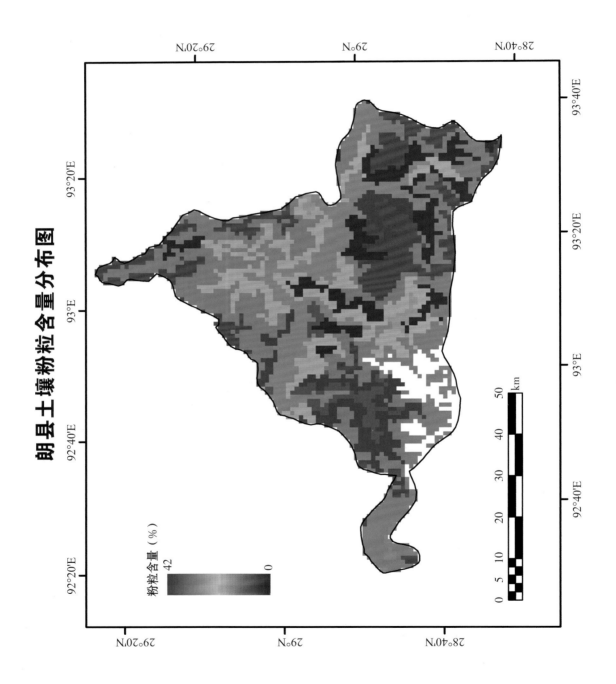

朗县土壤粉粒含量分布图

粉粒含量（%）

42

0

0 5 10 20 30 40 50 km

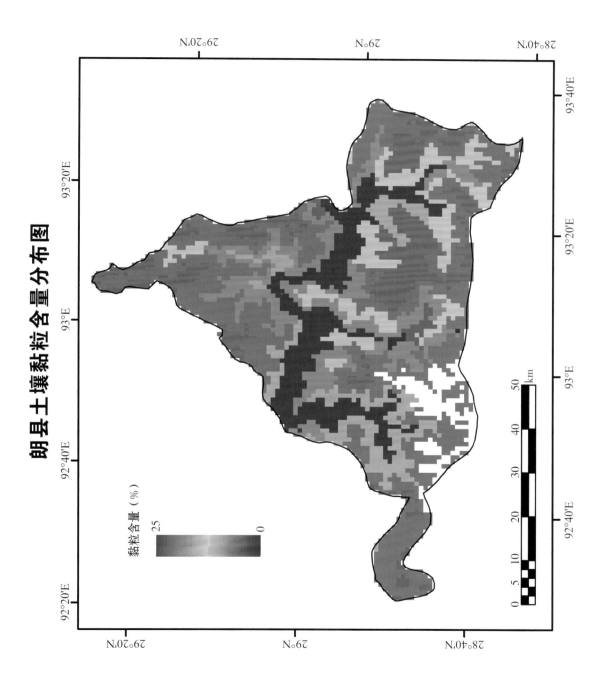

朗县土壤黏粒含量分布图

黏粒含量（%）

25

0

朗县土壤沙粒含量分布图

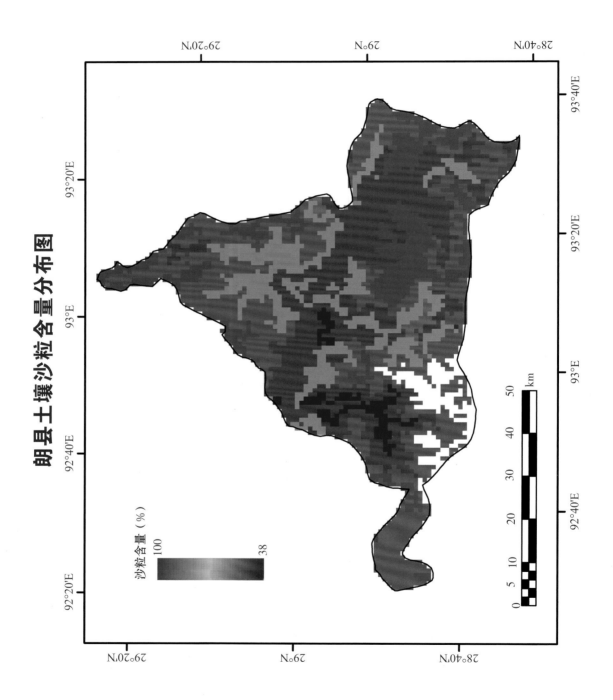

沙粒含量（%）

100

38

朗县年平均降水量分布图

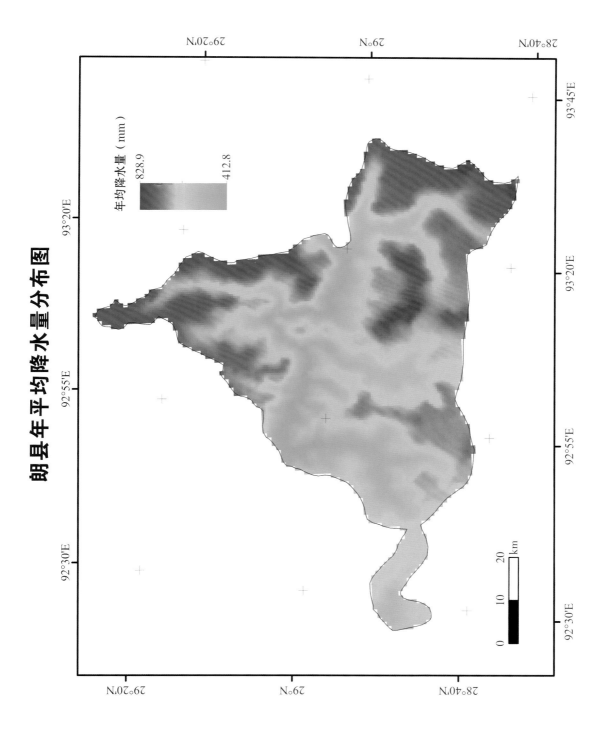

年均降水量（mm）

828.9

412.8

朗县年平均气温分布图

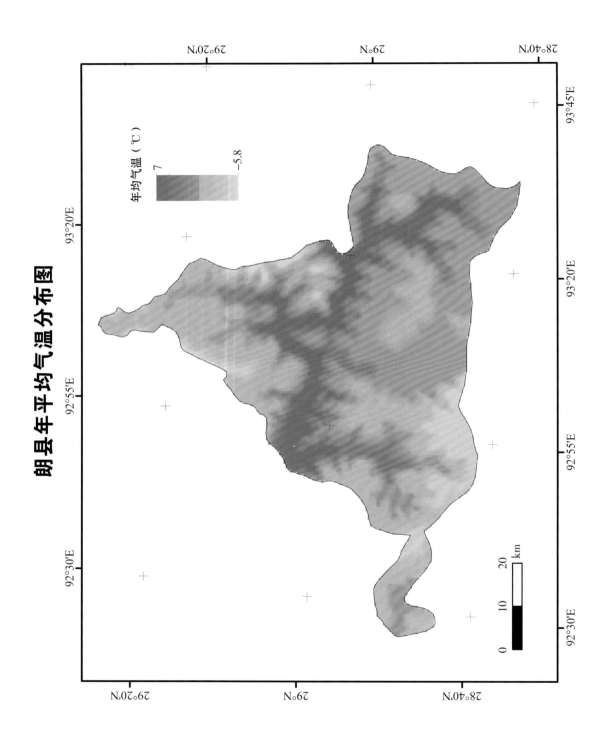

年均气温（℃）

7

−5.8

km
0 10 20

浪卡子县

浪卡子县土地利用现状图

图 例

名称	面积（km²）
冰川	250
湖泊	988
旱地	99
裸岩石砾地	430
低覆盖草地	1 012
中覆盖草地	2 213
高覆盖草地	3 273

浪卡子县耕地分布图

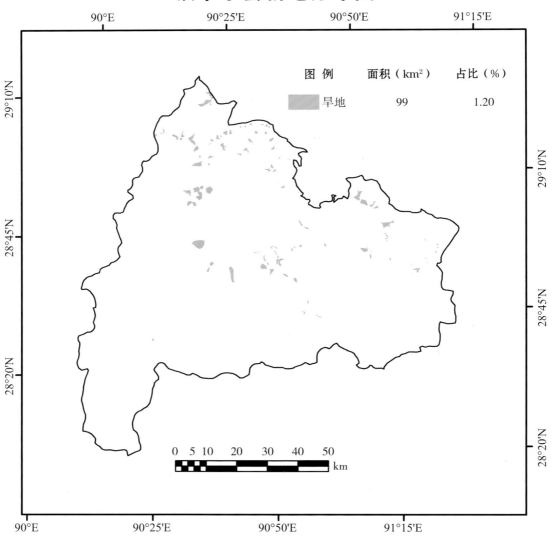

图 例	面积（km²）	占比（%）
旱地	99	1.20

浪卡子县草地分布图

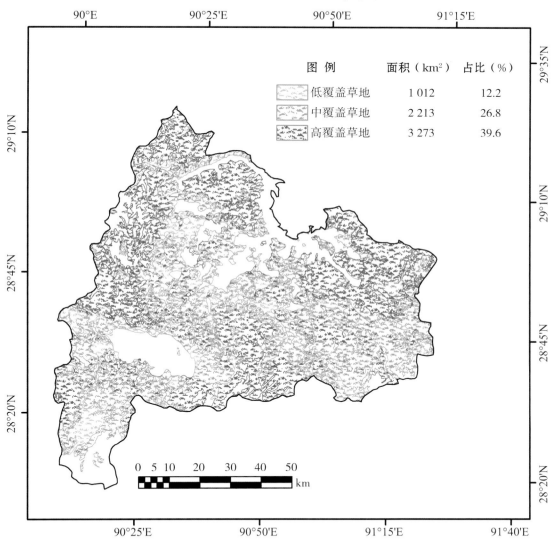

图 例	面积（km²）	占比（%）
低覆盖草地	1 012	12.2
中覆盖草地	2 213	26.8
高覆盖草地	3 273	39.6

浪卡子县土壤侵蚀强度分布图

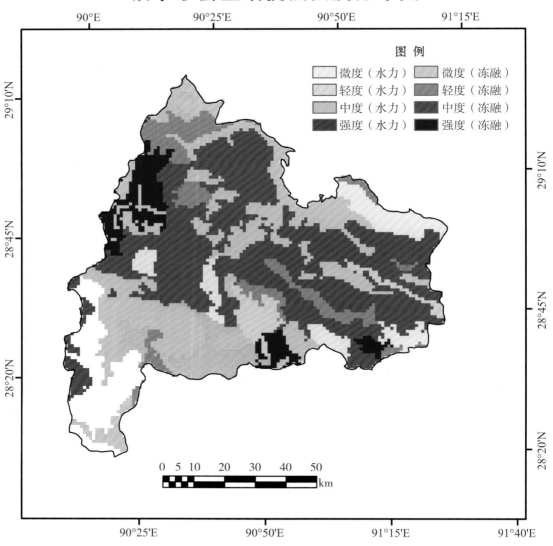

浪卡子县土壤粉粒含量分布图

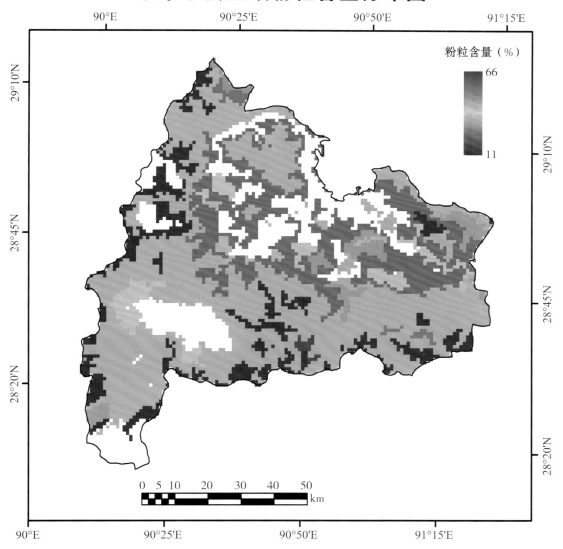

浪卡子县土壤黏粒含量分布图

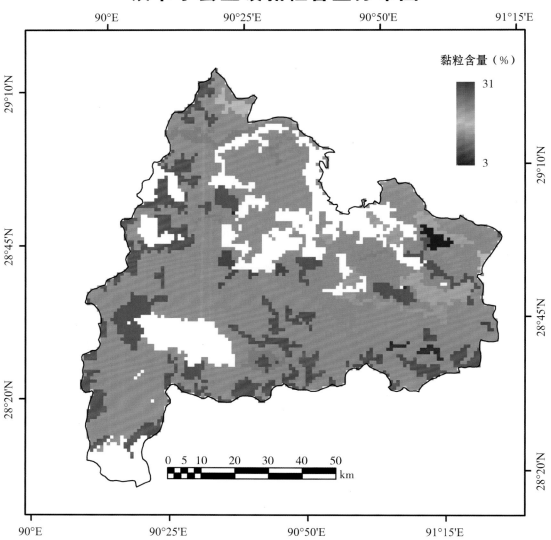

浪卡子县土壤沙粒含量分布图

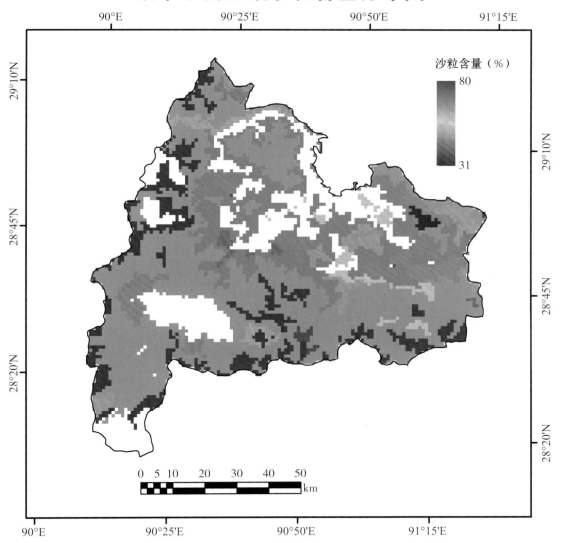

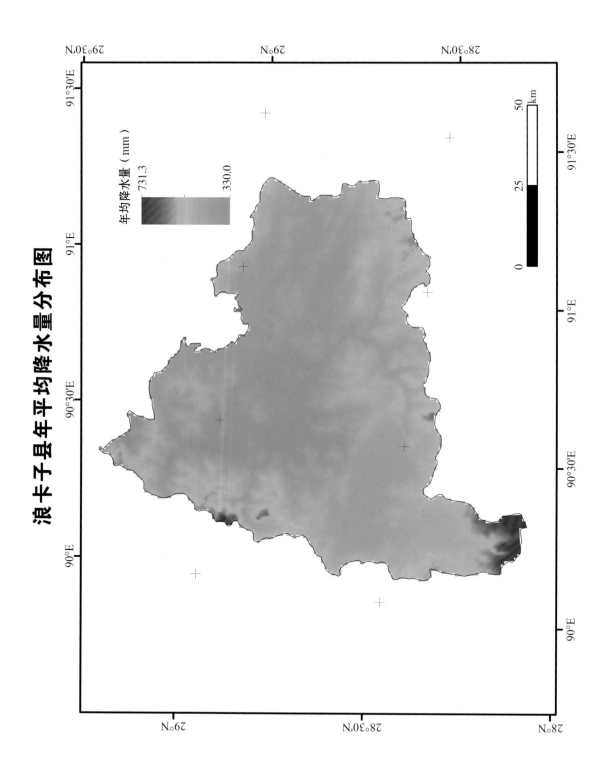

浪卡子县年平均降水量分布图

年均降水量（mm）

731.3

330.0

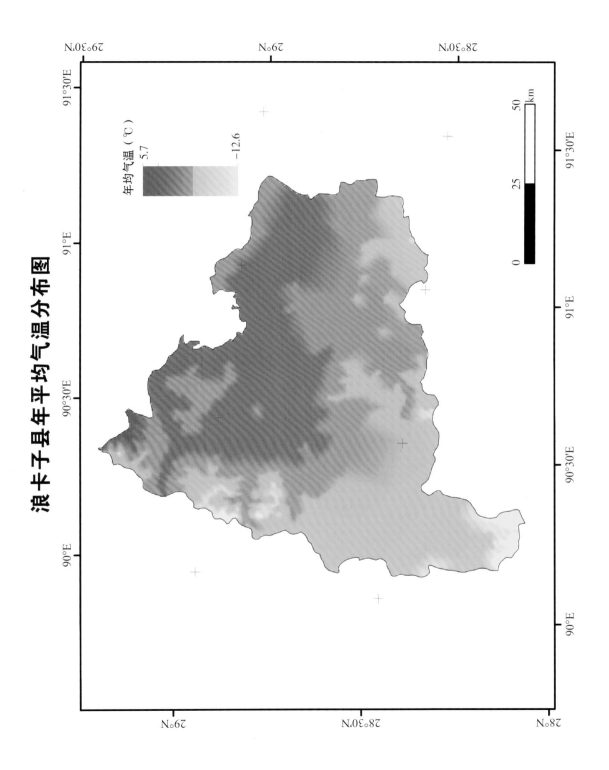

浪卡子县年平均气温分布图

年均气温（℃）

5.7

−12.6

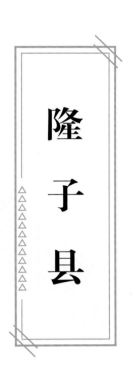

隆子县

隆子县土地利用现状图

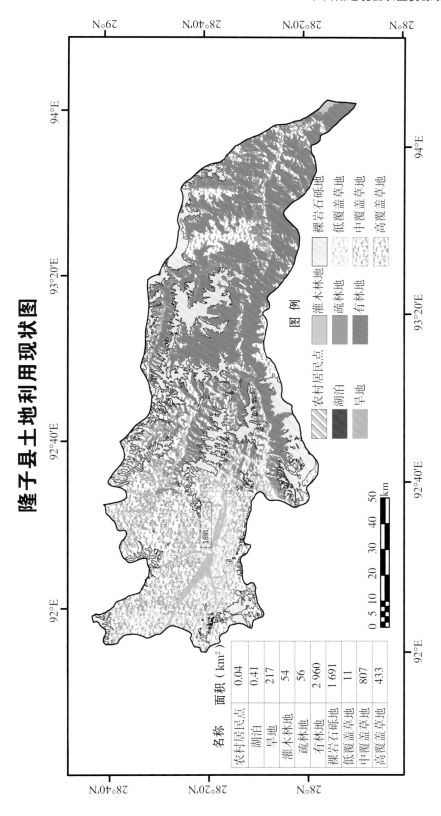

名称	面积（km²）
农村居民点	0.04
湖泊	0.41
旱地	217
灌木林地	54
疏林地	56
有林地	2 960
裸岩石砾地	1 691
低覆盖草地	11
中覆盖草地	807
高覆盖草地	433

图例

农村居民点　湖泊　旱地

灌木林地　疏林地　有林地

裸岩石砾地　低覆盖草地　中覆盖草地　高覆盖草地

隆子县耕地分布图

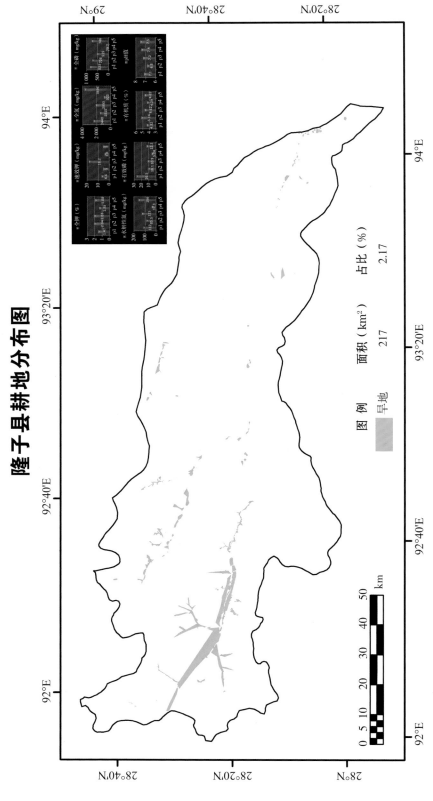

图例

	面积（km²）	占比（%）
旱地	217	2.17

隆子县草地分布图

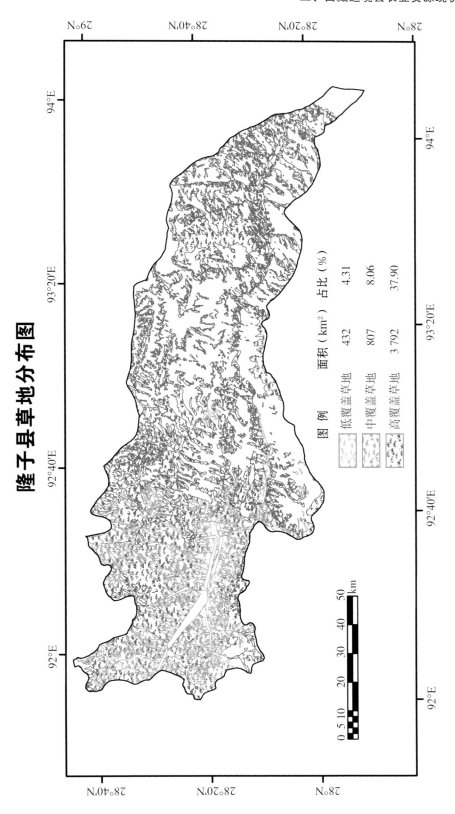

图例	面积（km²）	占比（%）
低覆盖度草地	432	4.31
中覆盖度草地	807	8.06
高覆盖度草地	3 792	37.90

隆子县林地分布图

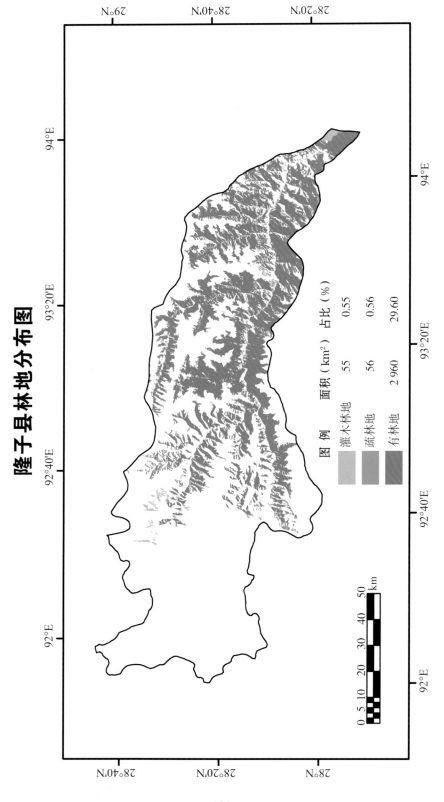

图 例	面积（km²）	占比（%）
灌木林地	55	0.55
疏林地	56	0.56
有林地	2 960	29.60

0 5 10 20 30 40 50
km

隆子县土壤侵蚀强度分布图

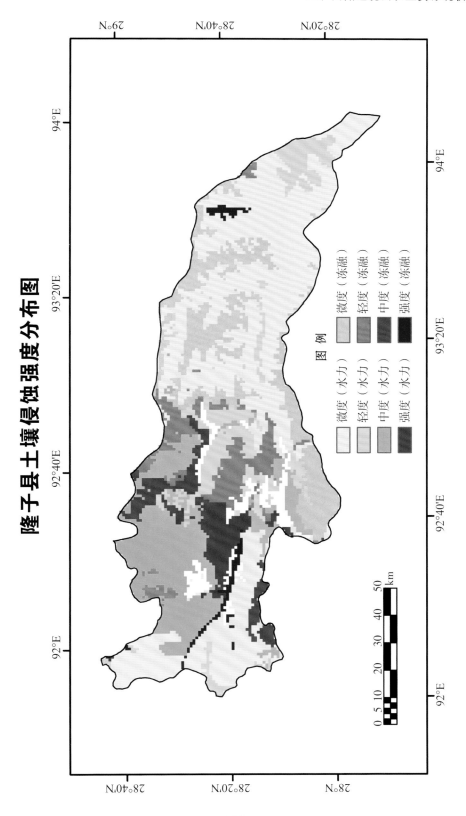

图例

微度（水力）　微度（冻融）

轻度（水力）　轻度（冻融）

中度（水力）　中度（冻融）

强度（水力）　强度（冻融）

0 5 10　20　30　40　50 km

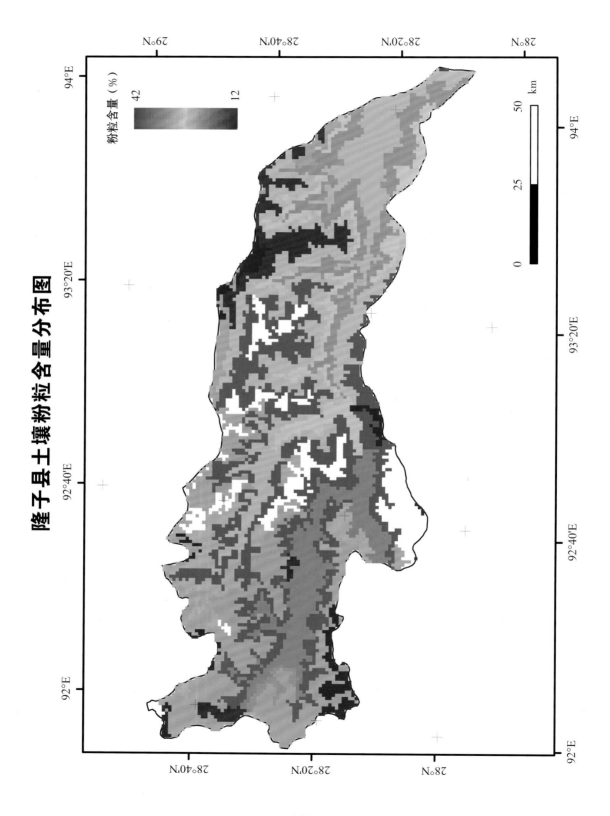

隆子县土壤粉粒含量分布图

粉粒含量（%）

42

12

km

0 25 50

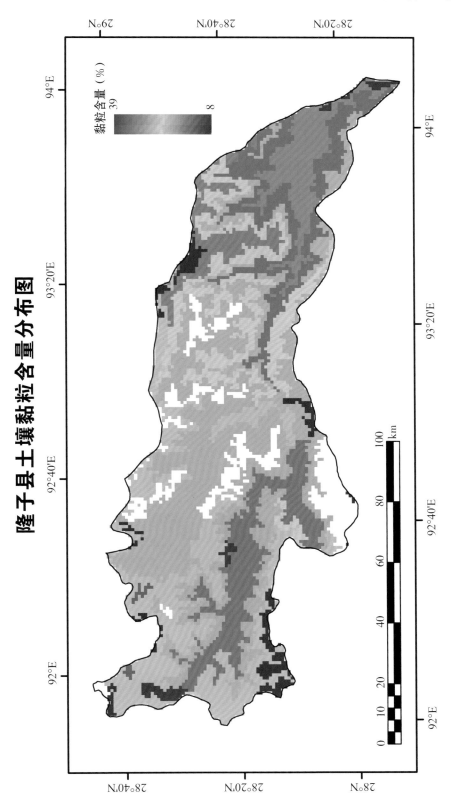

隆子县土壤黏粒含量分布图

隆子县土壤沙粒含量分布图

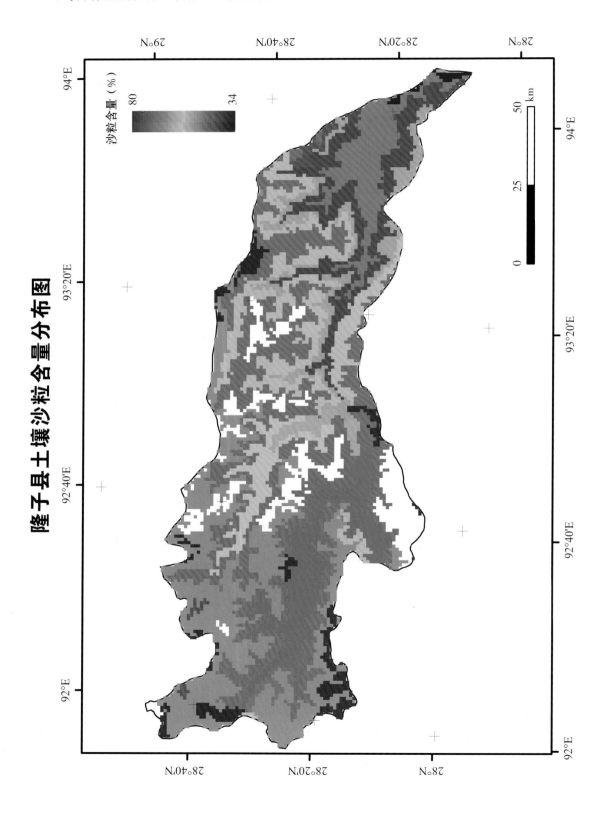

沙粒含量（%）

80

34

km

0   25   50

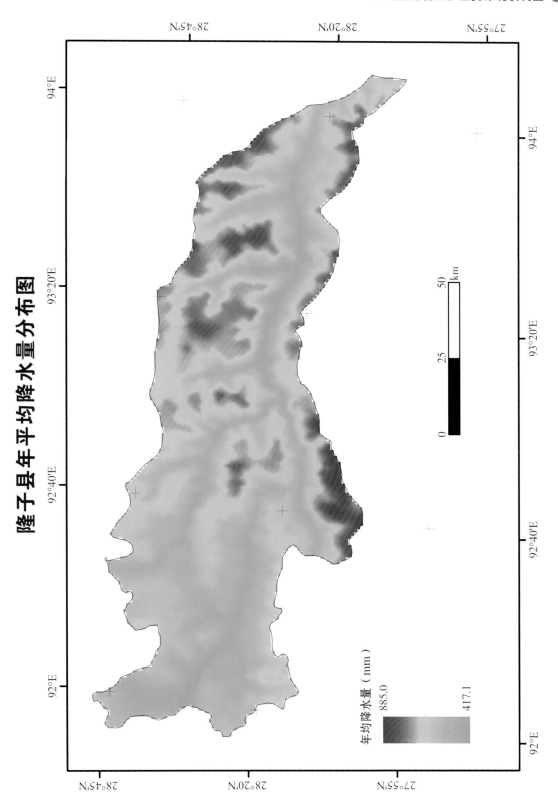

隆子县年平均降水量分布图

年均降水量（mm）

885.0

417.1

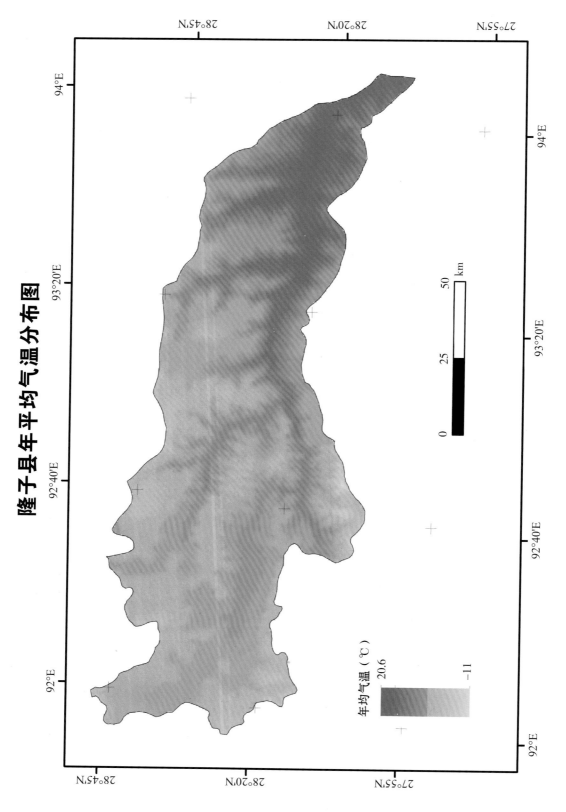

隆子县年平均气温分布图

年均气温（℃）

20.6

−11

洛扎县

洛扎县土地利用现状图

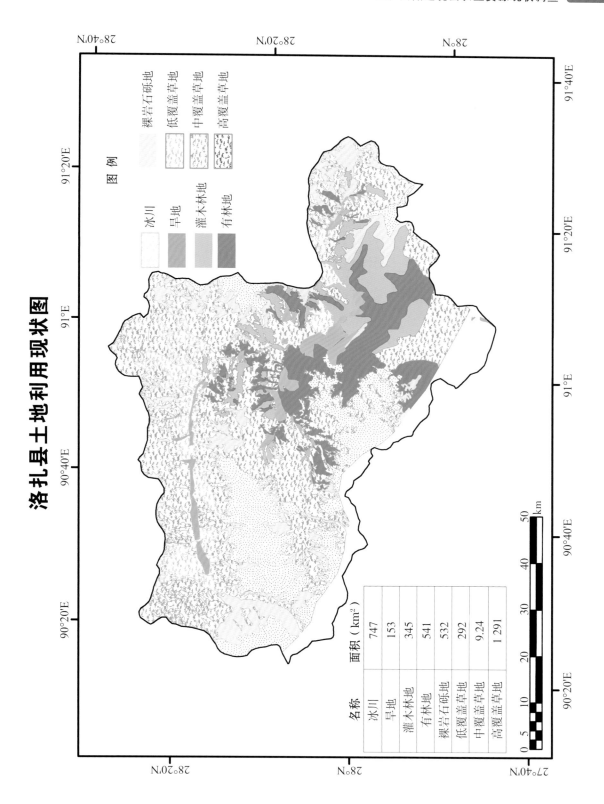

图　例

冰川		裸岩石砾地
旱地		低覆盖草地
灌木林地		中覆盖草地
有林地		高覆盖草地

名称	面积（km²）
冰川	747
旱地	153
灌木林地	345
有林地	541
裸岩石砾地	532
低覆盖草地	292
中覆盖草地	9.24
高覆盖草地	1 291

0 5 10   20   30   40   50 km

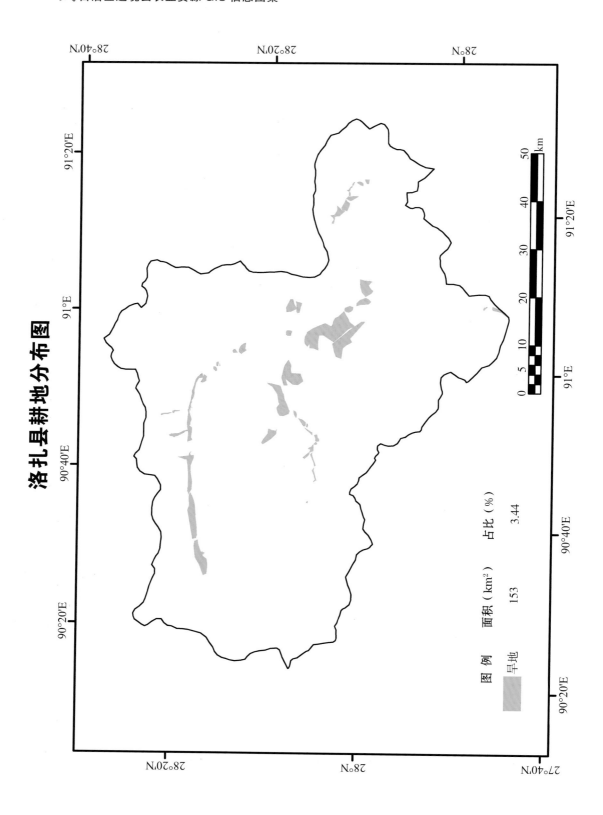

洛扎县耕地分布图

图 例	面积（km²）	占比（%）
旱地	153	3.44

洛扎县草地分布图

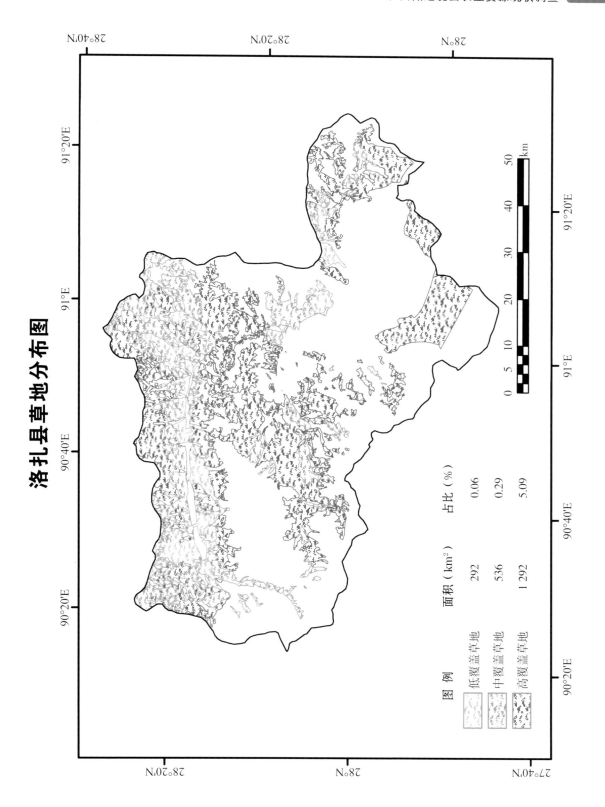

图 例

	面积（km²）	占比（%）
低覆盖草地	292	0.06
中覆盖草地	536	0.29
高覆盖草地	1 292	5.09

洛扎县林地分布图

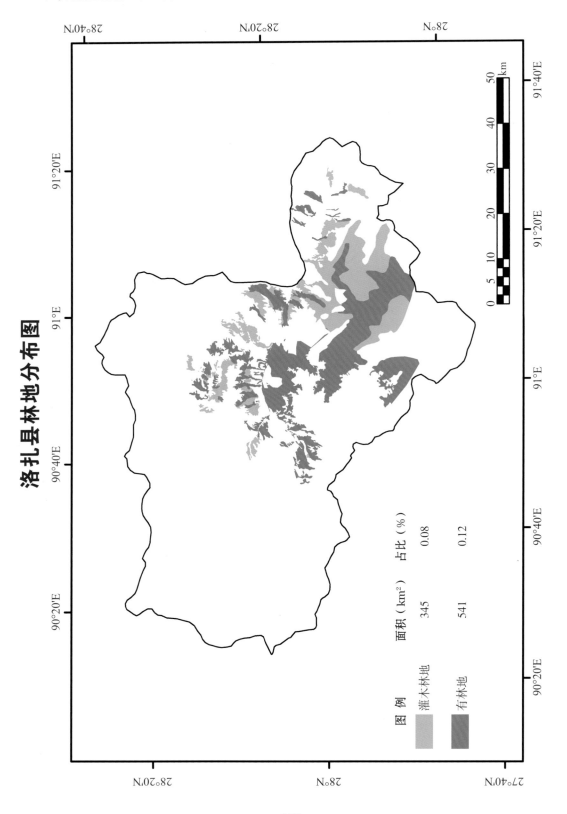

图 例	面积（km²）	占比（%）
灌木林地	345	0.08
有林地	541	0.12

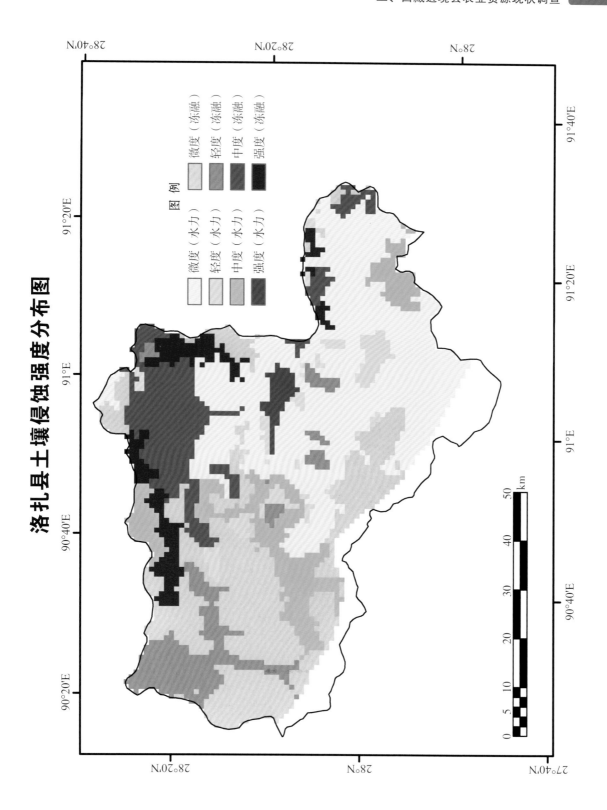

洛扎县土壤侵蚀强度分布图

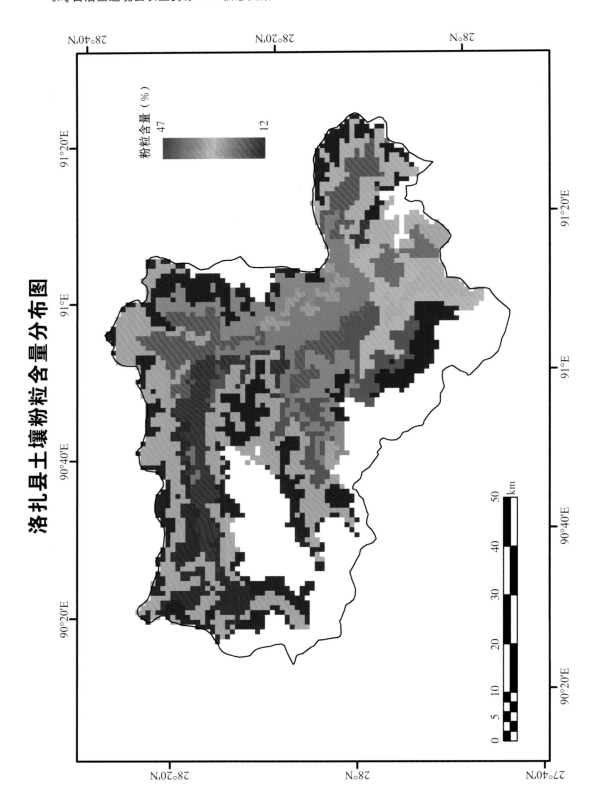

洛扎县土壤粉粒含量分布图

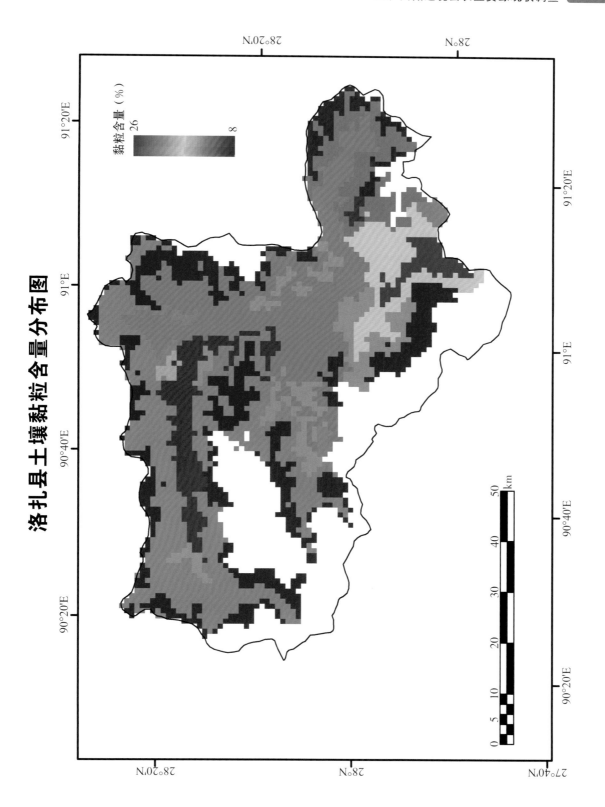

洛扎县土壤黏粒含量分布图

黏粒含量（%）

26

8

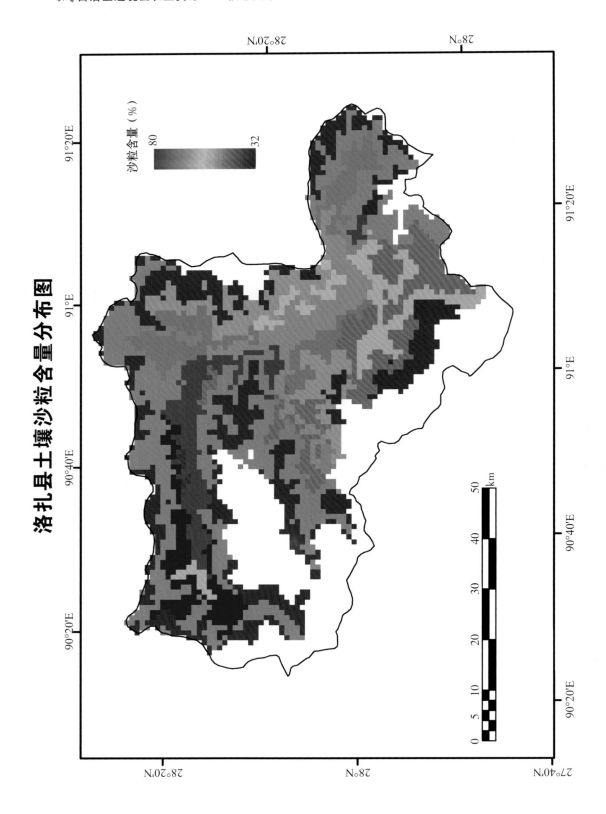

洛扎县土壤沙粒含量分布图

沙粒含量（%）

80

32

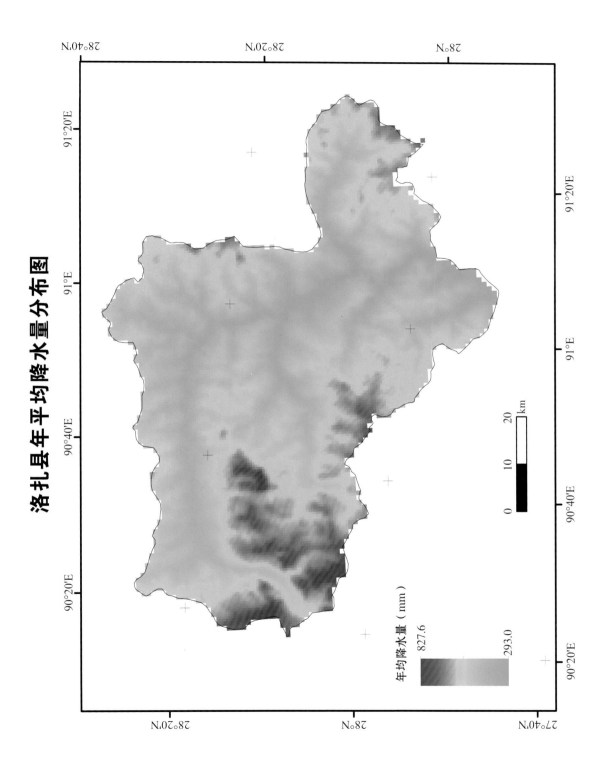

洛扎县年平均降水量分布图

年均降水量（mm）

827.6

293.0

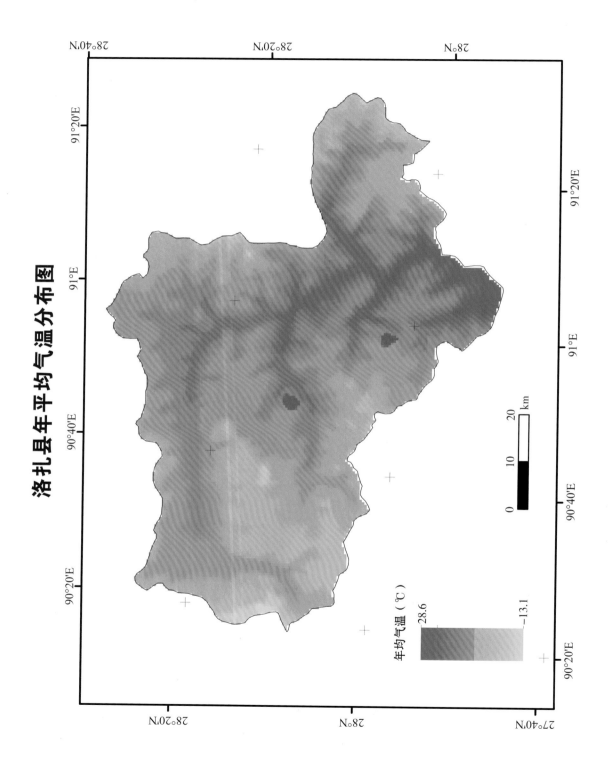

洛扎县年平均气温分布图

年均气温（℃）

28.6

-13.1

0　10　20

km

米林县

米林县土地利用现状图

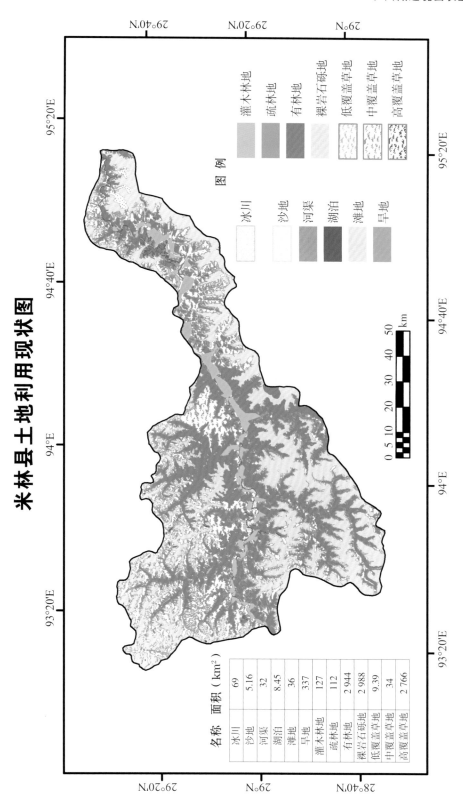

名称	面积（km²）
冰川	69
沙地	5.16
河渠	32
湖泊	8.45
滩地	36
旱地	337
灌木林地	127
疏林地	112
有林地	2 944
裸岩石砾地	2 988
低覆盖草草地	9.39
中覆盖草草地	34
高覆盖草草地	2 766

图例

冰川　沙地　河渠　湖泊　滩地　旱地

灌木林地　疏林地　有林地　裸岩石砾地　低覆盖草地　中覆盖草地　高覆盖草地

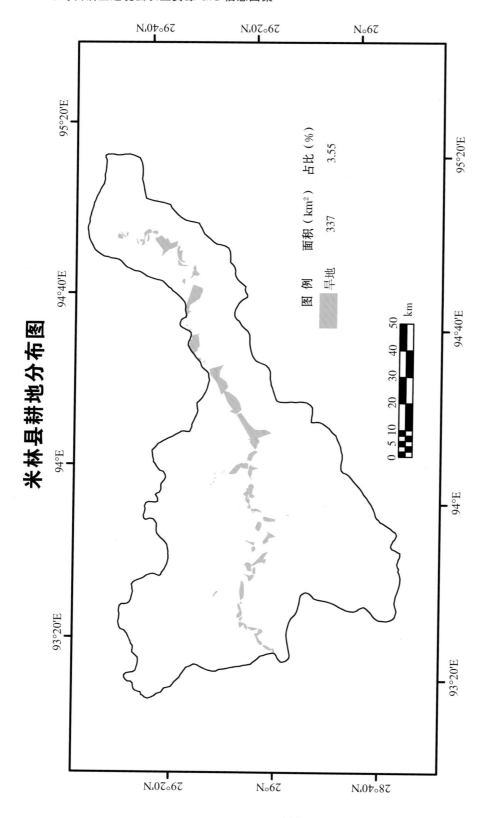

米林县耕地分布图

图例

	面积（km²）	占比（%）
旱地	337	3.55

km
0 5 10 20 30 40 50

米林县草地分布图

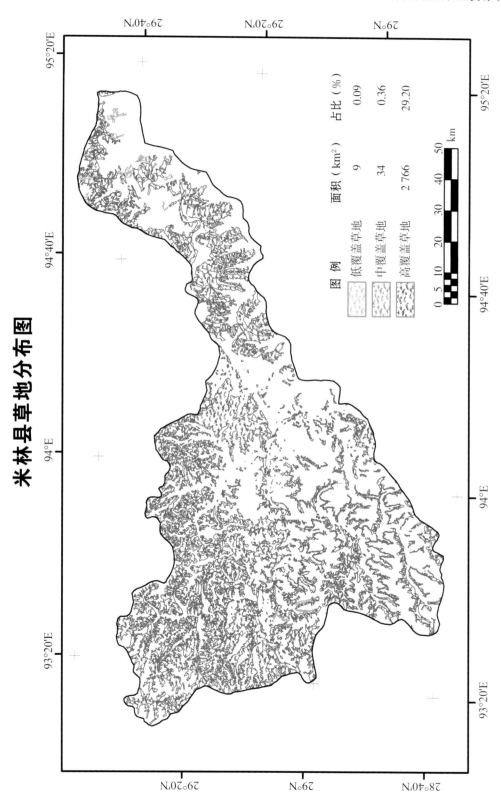

图例	面积（km²）	占比（%）
低覆盖草地	9	0.09
中覆盖草地	34	0.36
高覆盖草地	2 766	29.20

米林县林地分布图

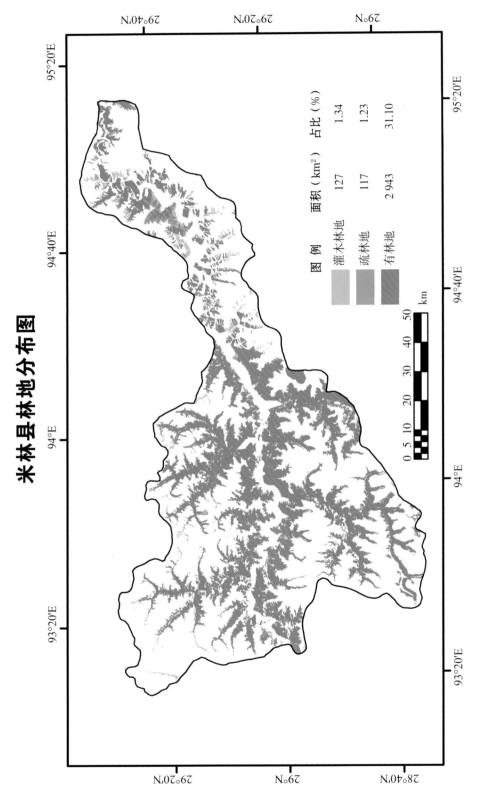

图 例	面积（km²）	占比（%）
灌木林地	127	1.34
疏林地	117	1.23
有林地	2 943	31.10

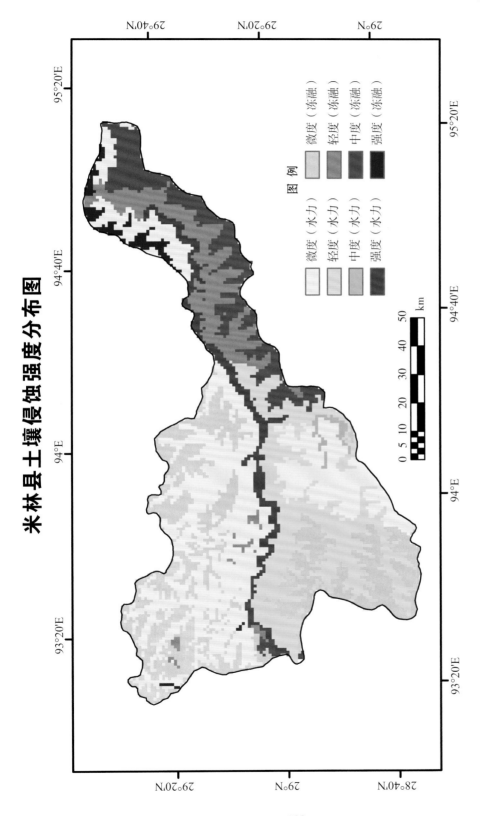

米林县土壤侵蚀强度分布图

图 例

微度（冻融）
轻度（冻融）
中度（冻融）
强度（冻融）

微度（水力）
轻度（水力）
中度（水力）
强度（水力）

0 5 10   20   30   40   50
km

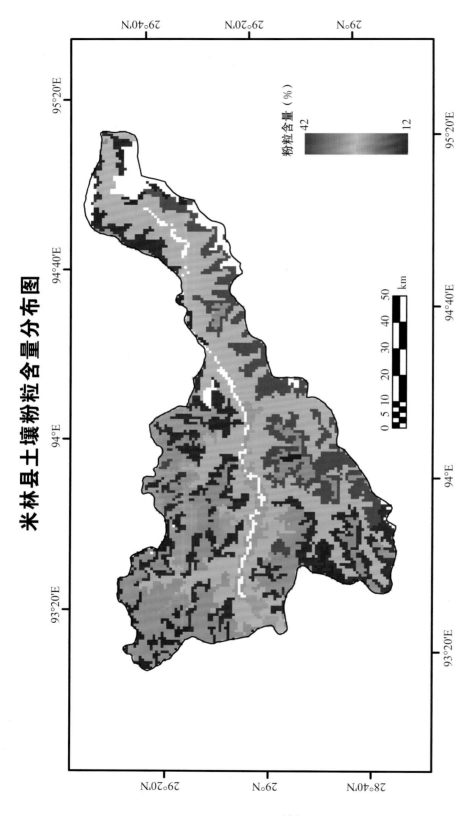

米林县土壤粉粒含量分布图

粉粒含量（%）

42

12

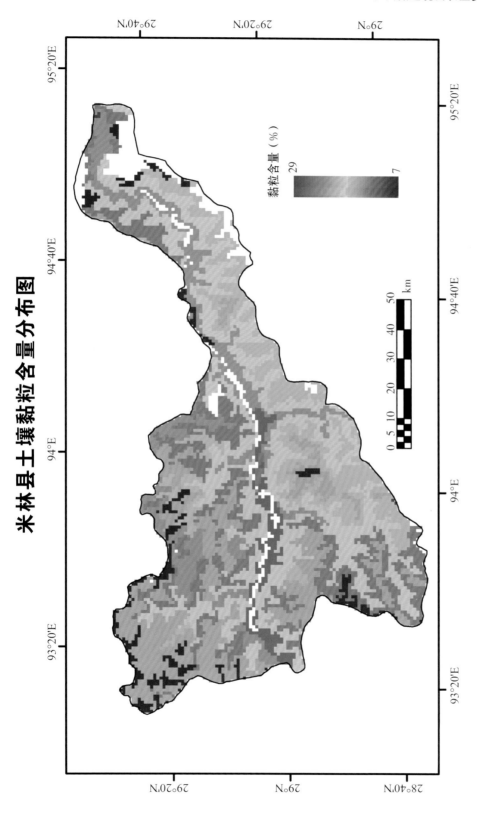

米林县土壤黏粒含量分布图

黏粒含量（%）

29

7

km

0 5 10   20   30   40   50

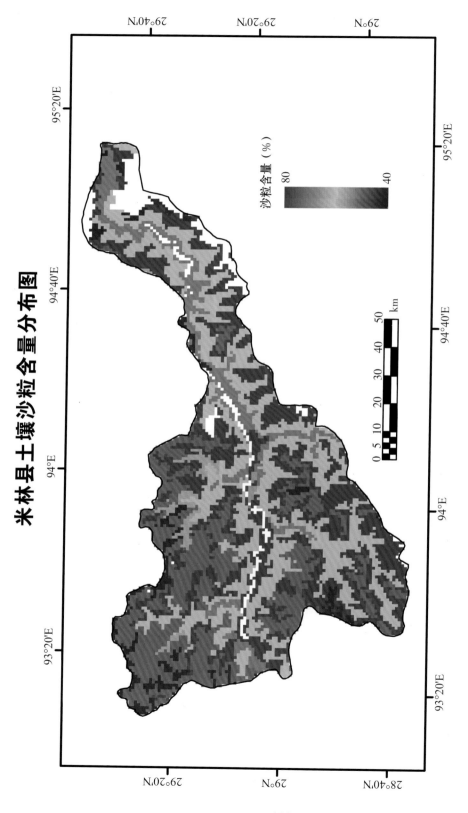

米林县土壤沙粒含量分布图

沙粒含量（%）

80

40

km

0 5 10 20 30 40 50

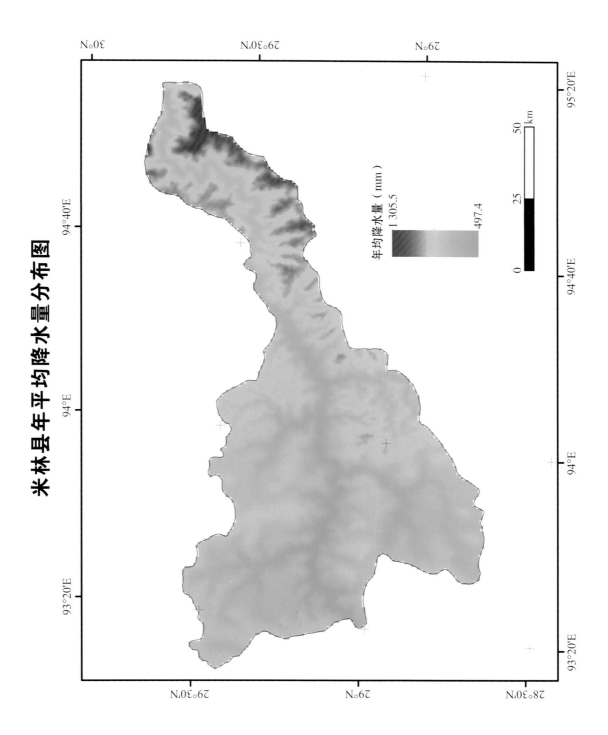

米林县年平均降水量分布图

年均降水量（mm）

1 305.5

497.4

0   25   50
km

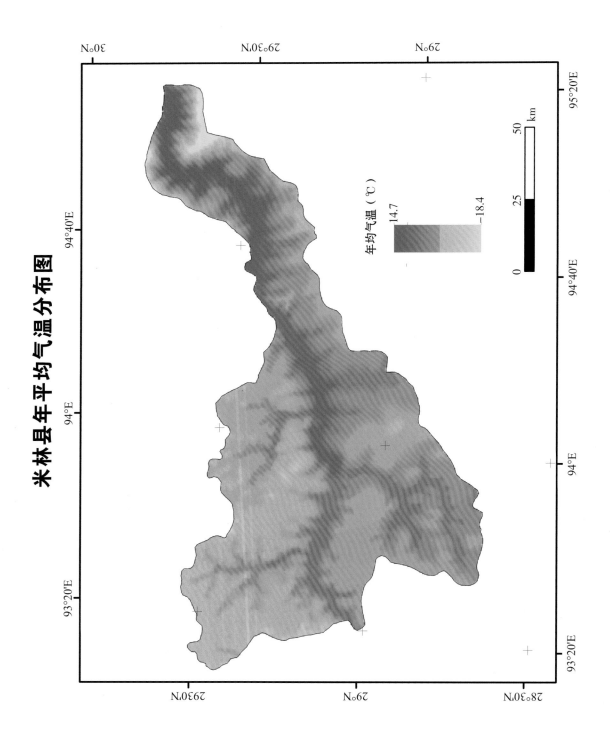

米林县年平均气温分布图

年均气温（℃）

14.7

−18.4

0　25　50 km

墨脱县

墨脱县土地利用现状图

名称	面积（km²）
冰川	240
河渠	91
滩地	49
旱地	945
水田	84
灌木林地	1 182
疏林地	1 137
有林地	21 365
裸岩石砾地	4 356
低覆盖草地	10
中覆盖草地	63
高覆盖草地	1 349

图例

冰川　疏林地
河渠　有林地
滩地　裸岩石砾地
旱地　低覆盖草地
水田　中覆盖草地
灌木林地　高覆盖草地

0　20　40　80　120　160 km

墨脱县耕地分布图

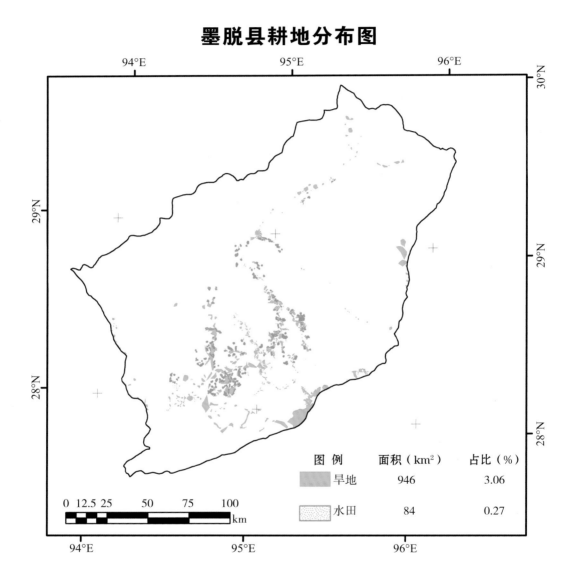

图 例	面积（km²）	占比（%）
旱地	946	3.06
水田	84	0.27

墨脱县草地分布图

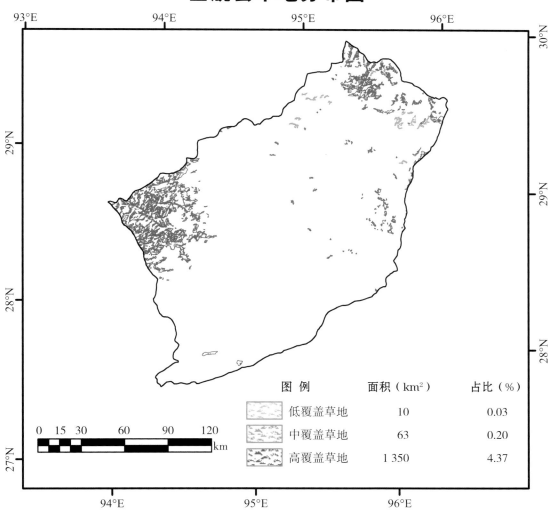

图 例	面积（km²）	占比（%）
低覆盖草地	10	0.03
中覆盖草地	63	0.20
高覆盖草地	1 350	4.37

墨脱县林地分布图

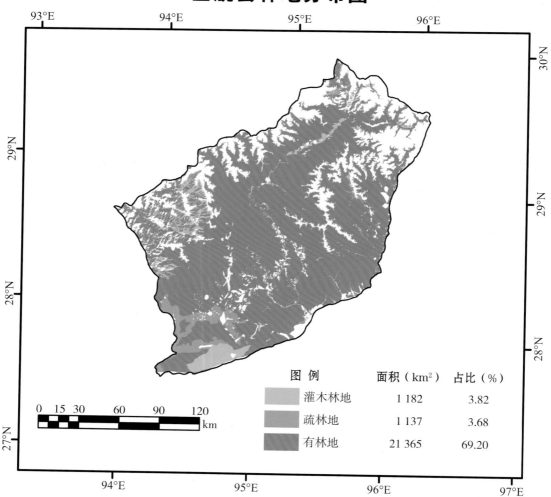

图例	面积（km²）	占比（%）
灌木林地	1 182	3.82
疏林地	1 137	3.68
有林地	21 365	69.20

墨脱县土壤侵蚀强度分布图

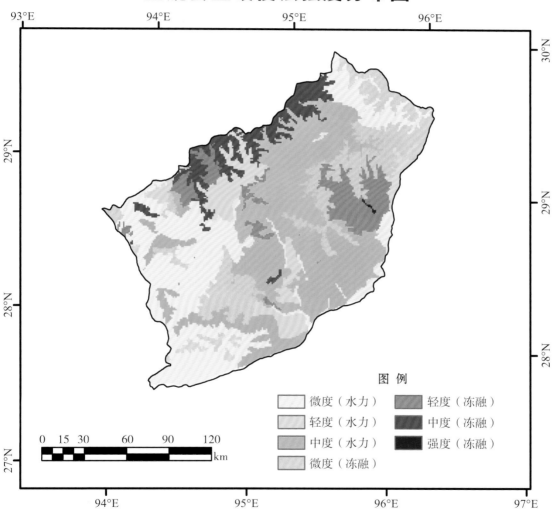

图　例

微度（水力）　　轻度（冻融）

轻度（水力）　　中度（冻融）

中度（水力）　　强度（冻融）

微度（冻融）

0　15　30　　60　　90　　120
km

墨脱县土壤粉粒含量分布图

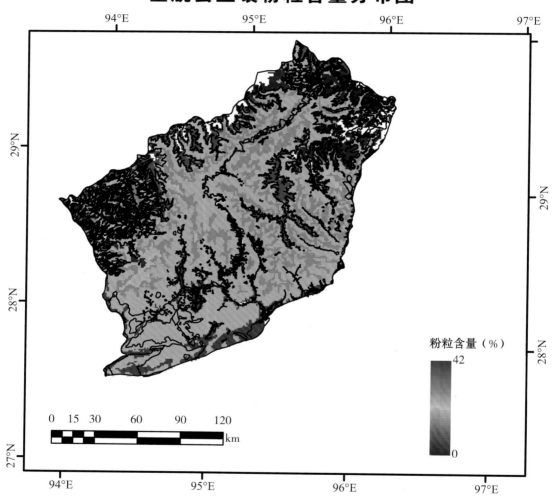

墨脱县土壤黏粒含量分布图

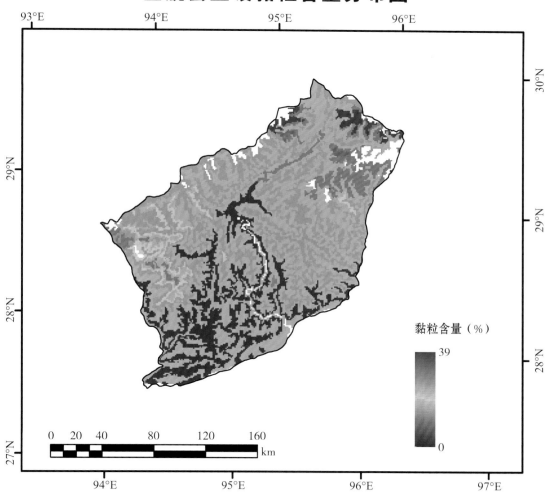

墨脱县土壤沙粒含量分布图

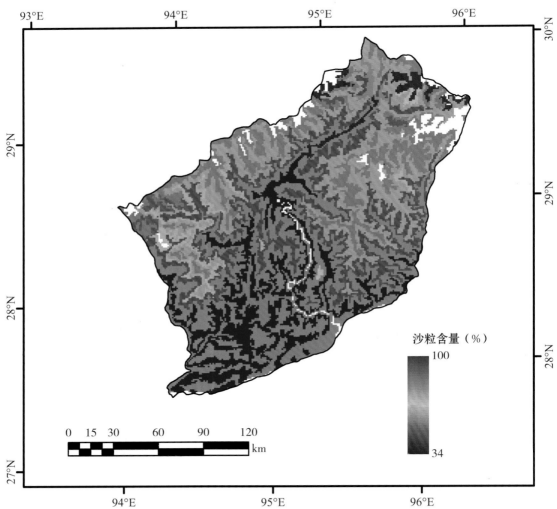

沙粒含量（%）
100
34

0 15 30 60 90 120
km

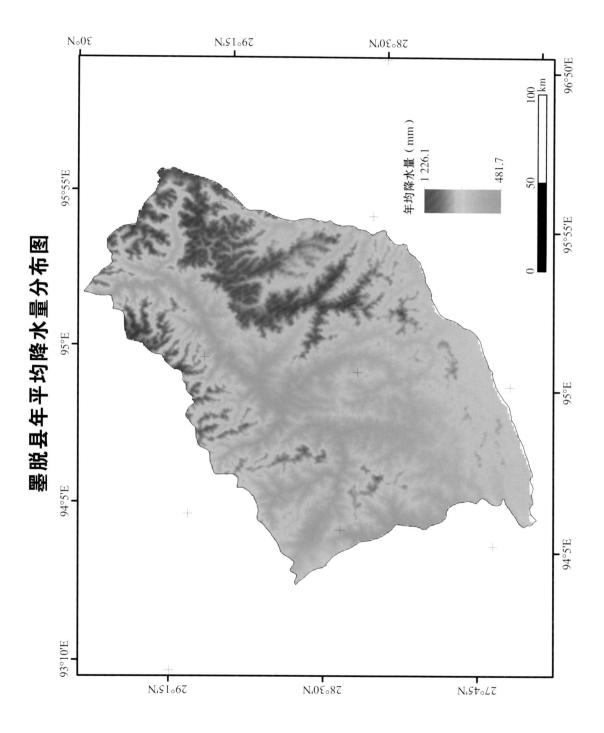

墨脱县年平均降水量分布图

年均降水量（mm）

1 226.1

481.7

0   50   100
km

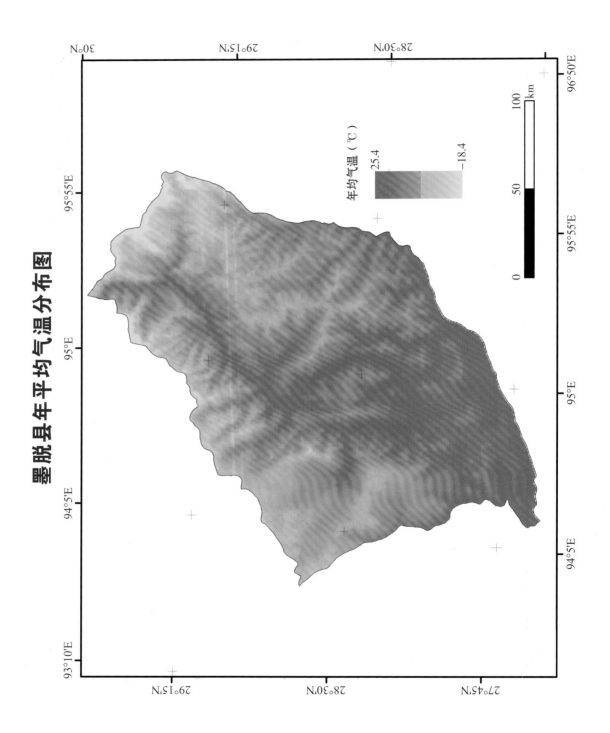

墨脱县年平均气温分布图

年均气温（℃）

25.4

-18.4

聂拉木县

聂拉木县土地利用现状图

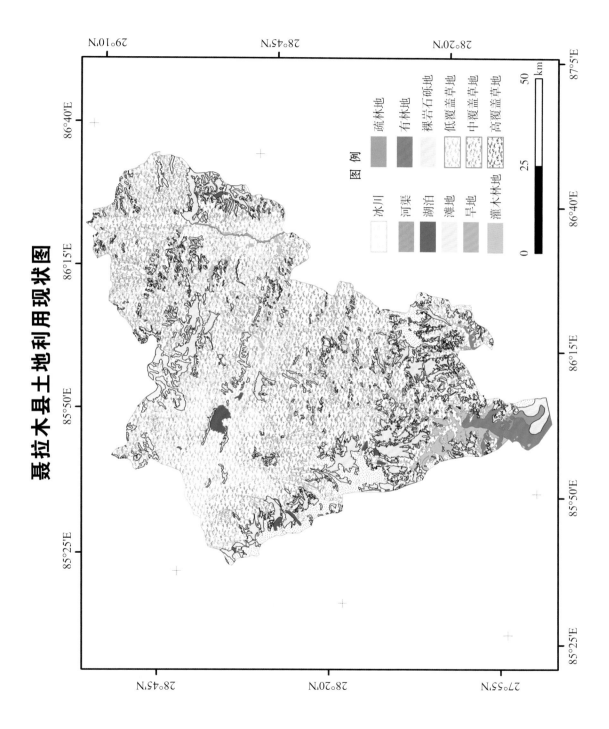

图例

冰川
河渠
湖泊
滩地
旱地
灌木林地

疏林地
有林地
裸岩石砾地
低覆盖草地
中覆盖草地
高覆盖草地

0 25 50 km

聂拉木县耕地分布图

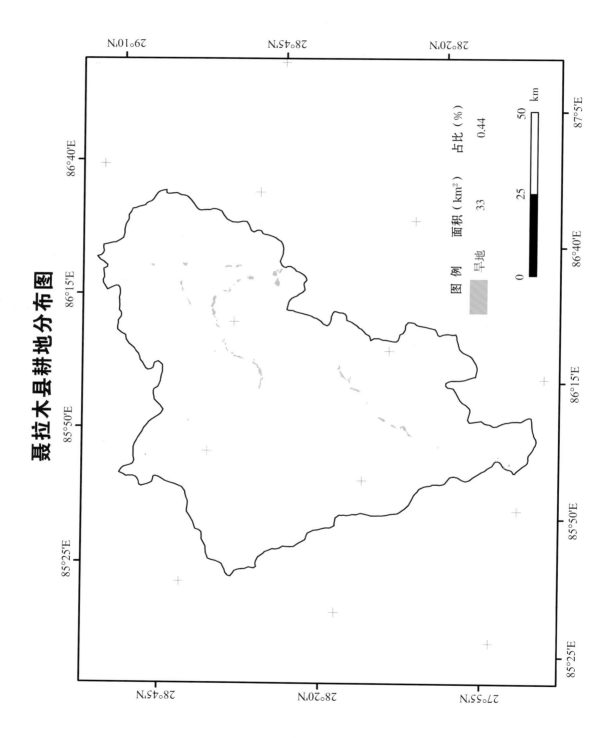

图例	面积（km²）	占比（%）
旱地	33	0.44

聂拉木县草地分布图

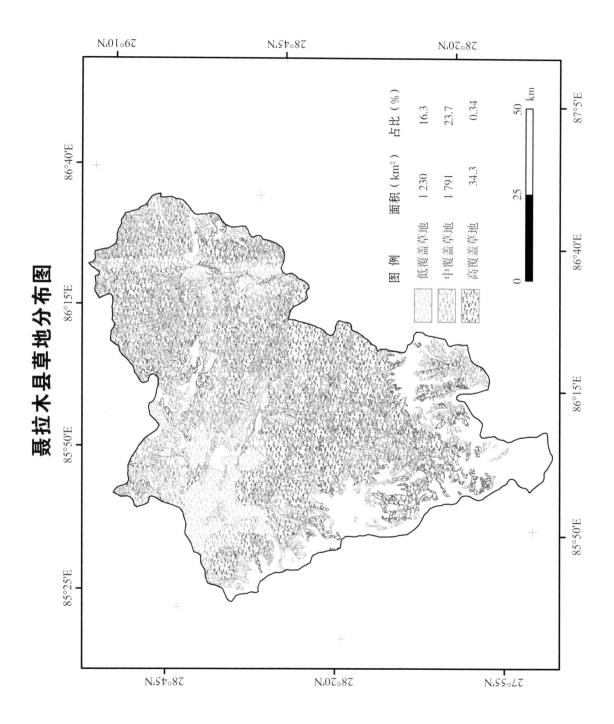

图　例	面积（km²）	占比（%）
低覆盖草地	1 230	16.3
中覆盖草地	1 791	23.7
高覆盖草地	34.3	0.34

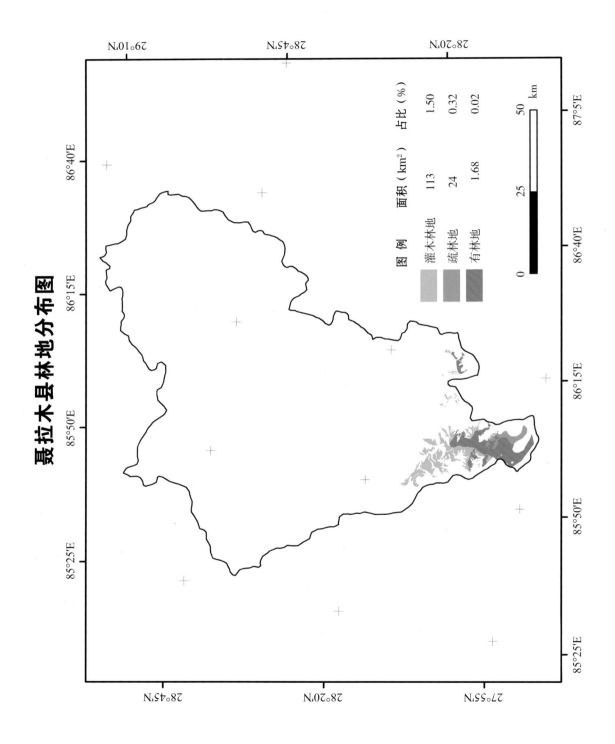

聂拉木县林地分布图

图 例	面积（km²）	占比（%）
灌木林地	113	1.50
疏林地	24	0.32
有林地	1.68	0.02

聂拉木县土壤侵蚀强度分布图

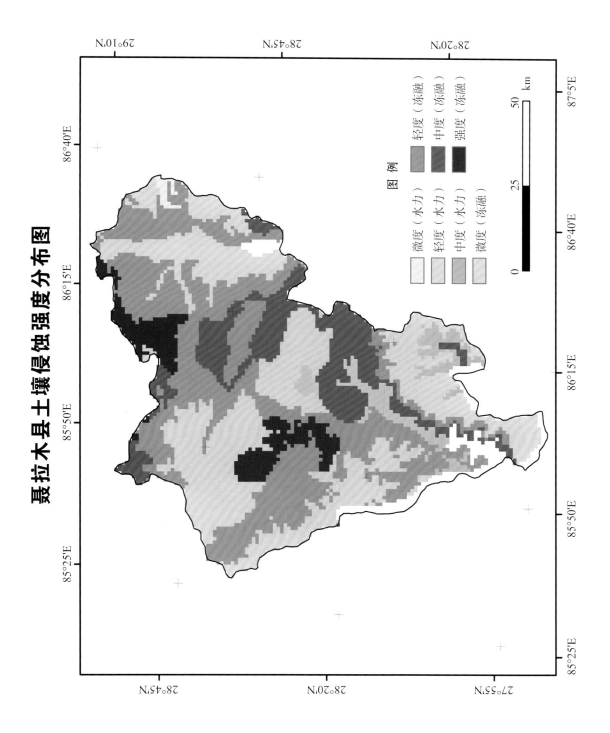

图 例

微度（水力）
轻度（水力）
中度（水力）
微度（冻融）

轻度（冻融）
中度（冻融）
强度（冻融）

0　25　50　km

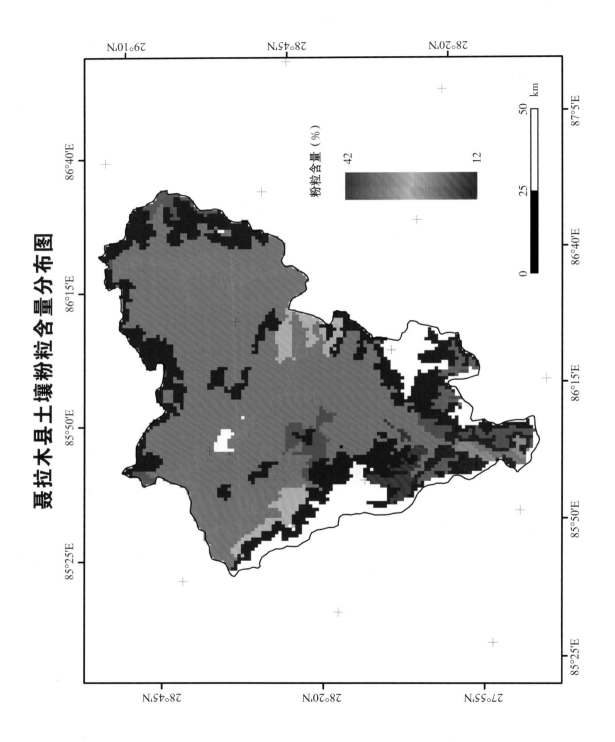

聂拉木县土壤粉粒含量分布图

粉粒含量（%）

42

12

0　　　25　　　50

km

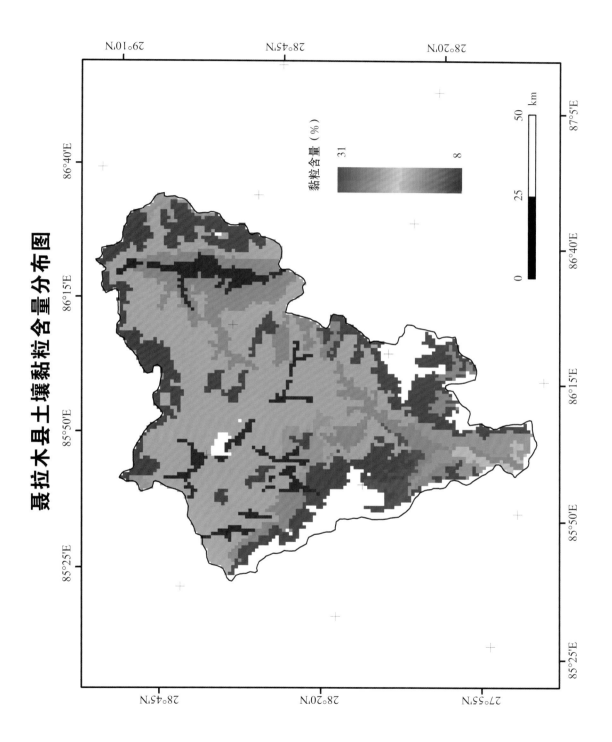

聂拉木县土壤黏粒含量分布图

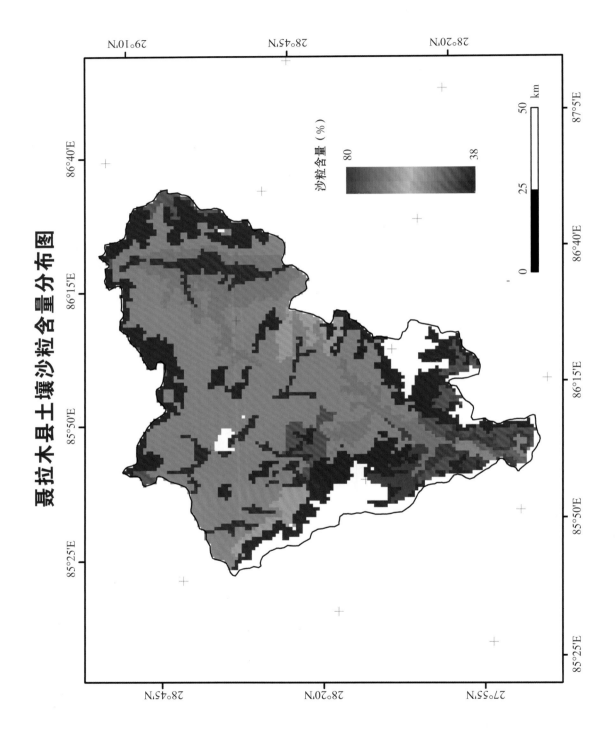

聂拉木县土壤沙粒含量分布图

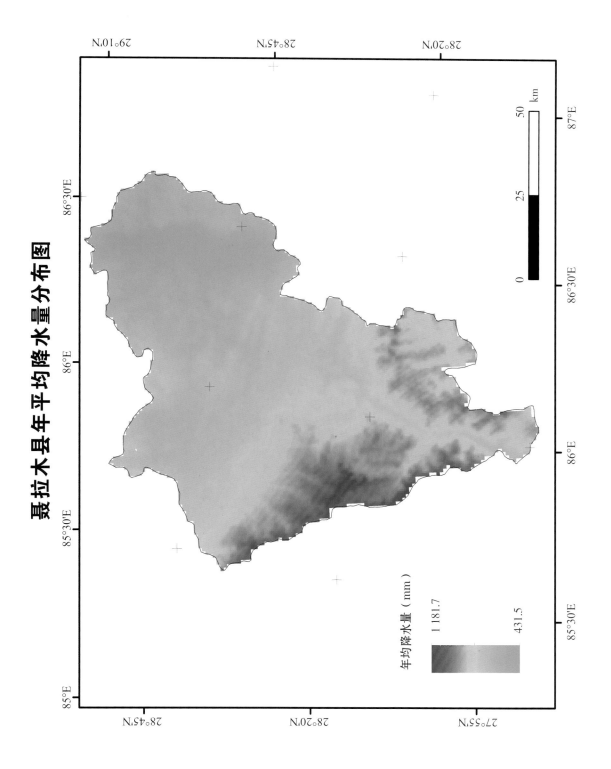

聂拉木县年平均降水量分布图

年均降水量（mm）

1 181.7

431.5

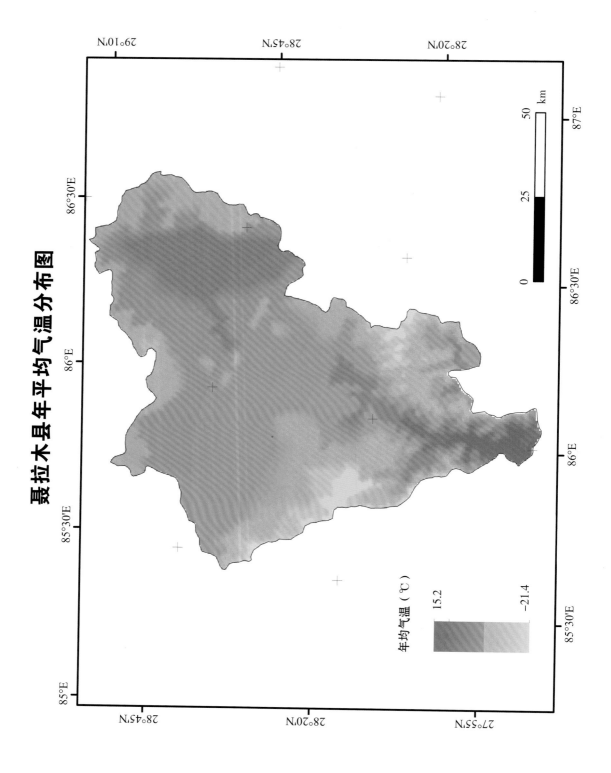

聂拉木县年平均气温分布图

年均气温（℃）

15.2

−21.4

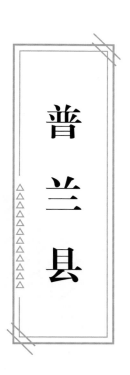

普 兰 县

普兰县土地利用现状图

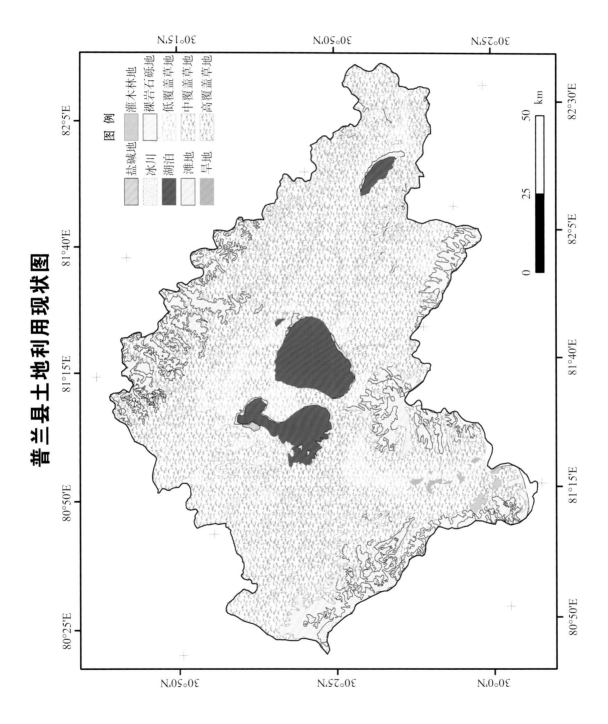

图 例

盐碱地		灌木林地	
冰川		裸岩石砾地	
湖泊		低覆盖草草地	
滩地		中覆盖草草地	
旱地		高覆盖草草地	

普兰县耕地分布图

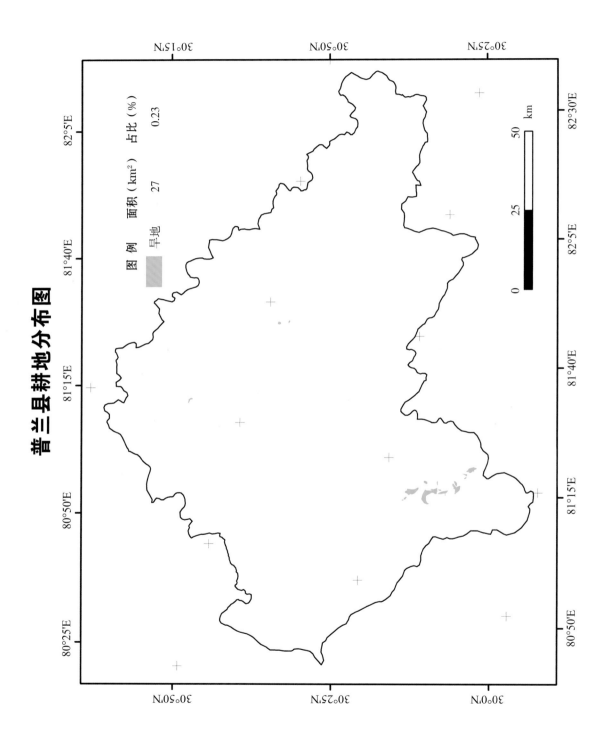

图 例	面积（km²）	占比（%）
旱地	27	0.23

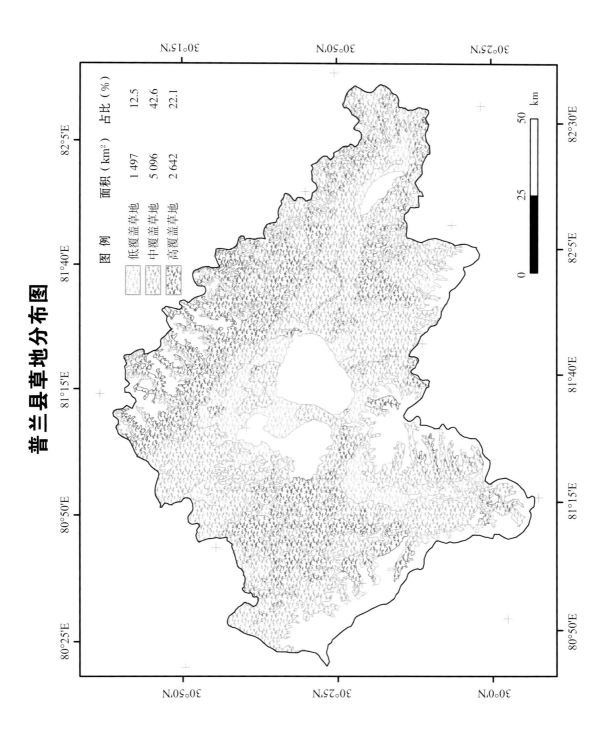

普兰县草地分布图

图例	面积（km²）	占比（%）
低覆盖草地	1 497	12.5
中覆盖草地	5 096	42.6
高覆盖草地	2 642	22.1

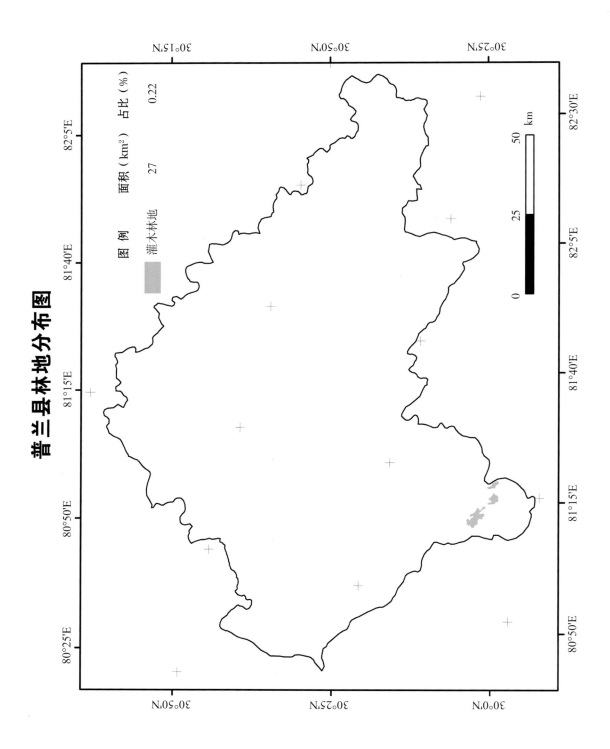

普兰县林地分布图

图　例

	面积（km²）	占比（%）
灌木林地	27	0.22

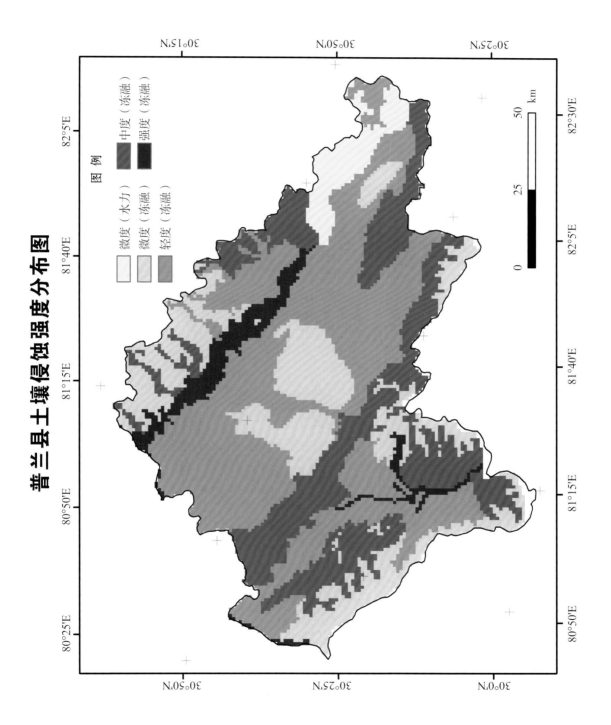

普兰县土壤侵蚀强度分布图

图例

微度（水力）
微度（冻融）
轻度（冻融）
中度（冻融）
强度（冻融）

普兰县土壤粉粒含量分布图

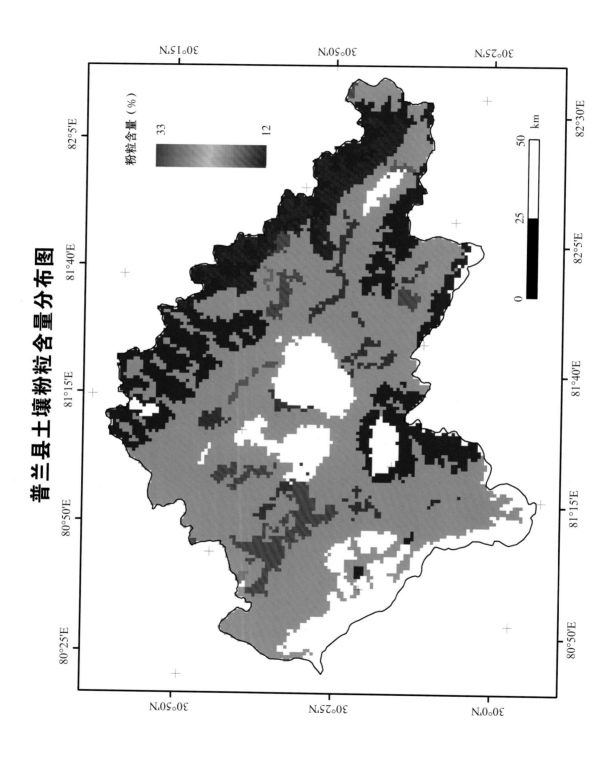

普兰县土壤黏粒含量分布图

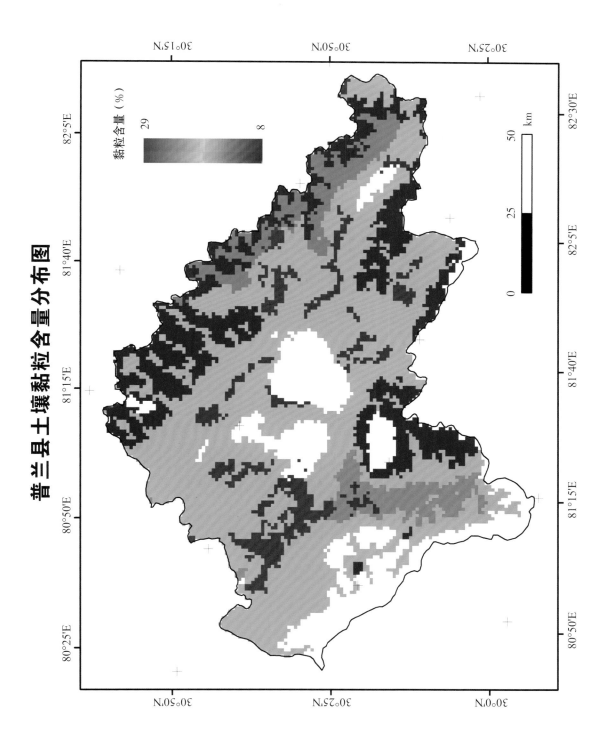

黏粒含量（%）

29

8

km

0　25　50

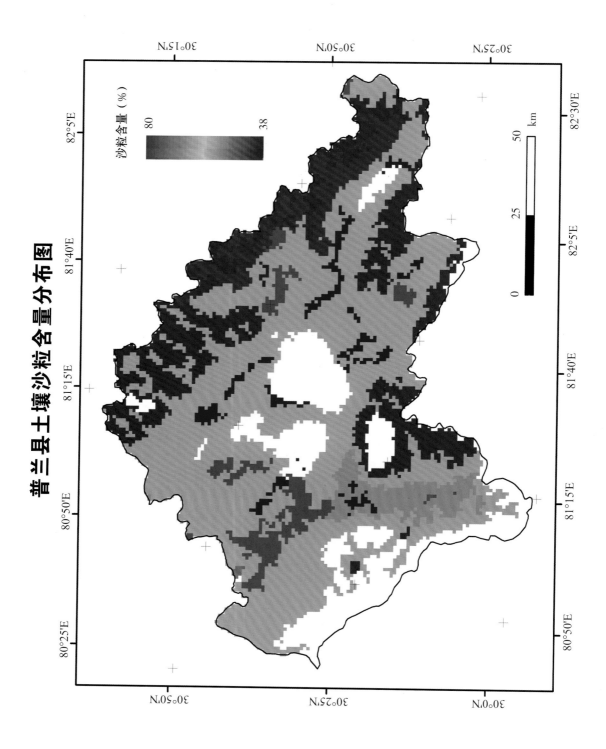

普兰县土壤沙粒含量分布图

沙粒含量（%）

80

38

km

普兰县年平均降水量分布图

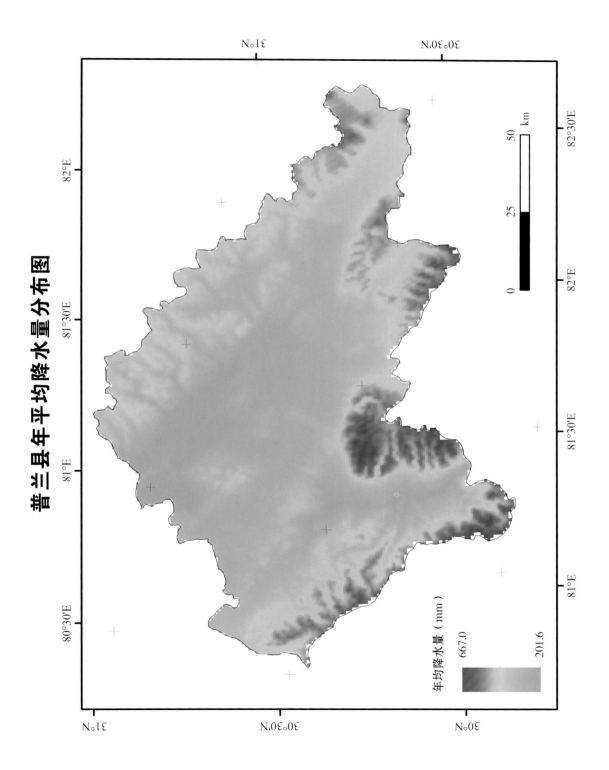

年均降水量（mm）

667.0

201.6

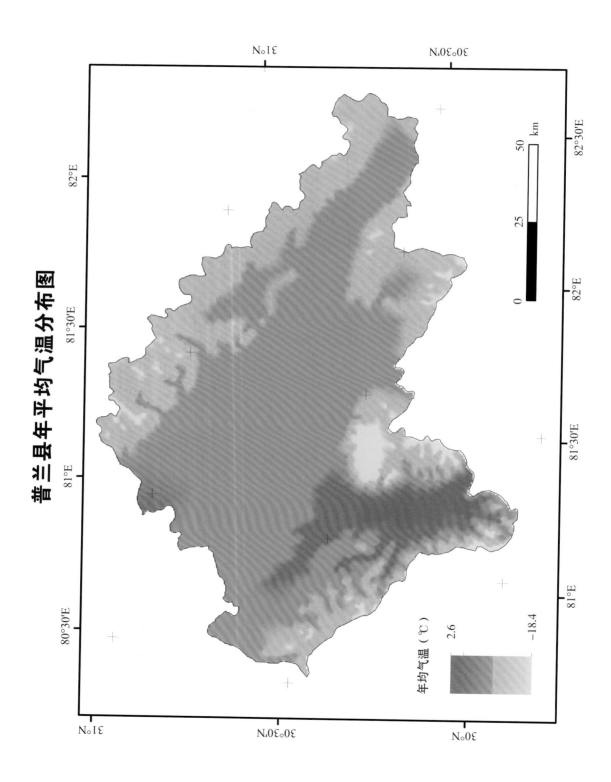

普兰县年平均气温分布图

年均气温（℃）

2.6

−18.4

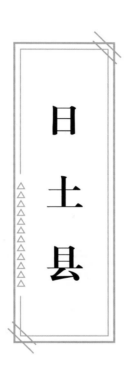

日土县

日土县土地利用现状图

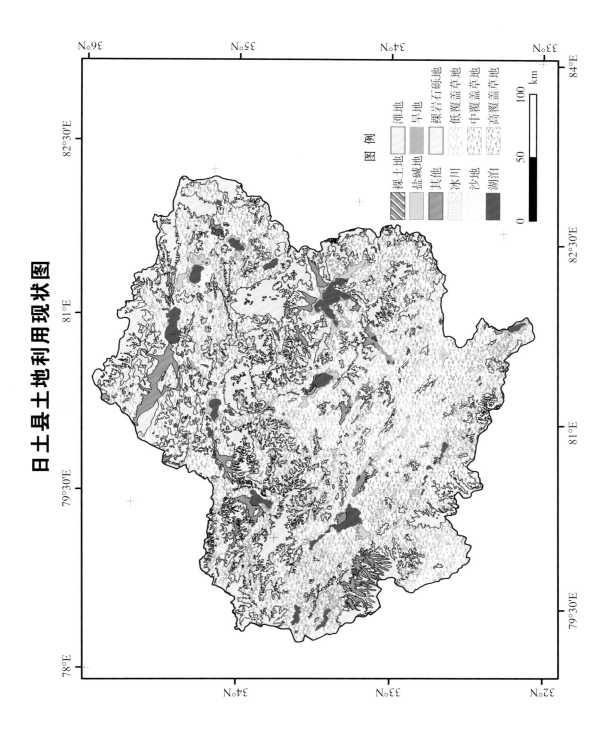

图 例

滩地
旱地
裸岩石砾地
低覆盖度草地
中覆盖度草地
高覆盖度草地

裸土地
盐碱地
其他
冰川
沙地
湖泊

日土县耕地分布图

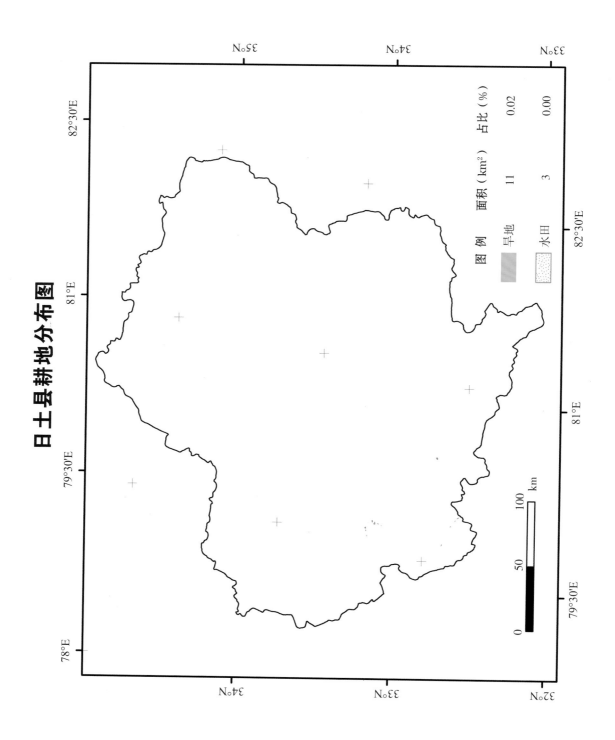

图 例	面积（km²）	占比（%）
旱地	11	0.02
水田	3	0.00

日土县草地分布图

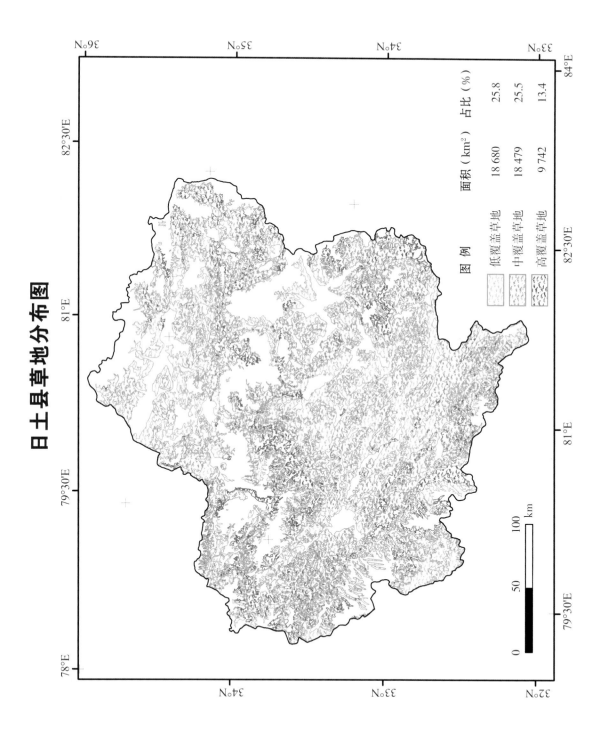

图 例	面积（km²）	占比（%）
低覆盖草地	18 680	25.8
中覆盖草地	18 479	25.5
高覆盖草地	9 742	13.4

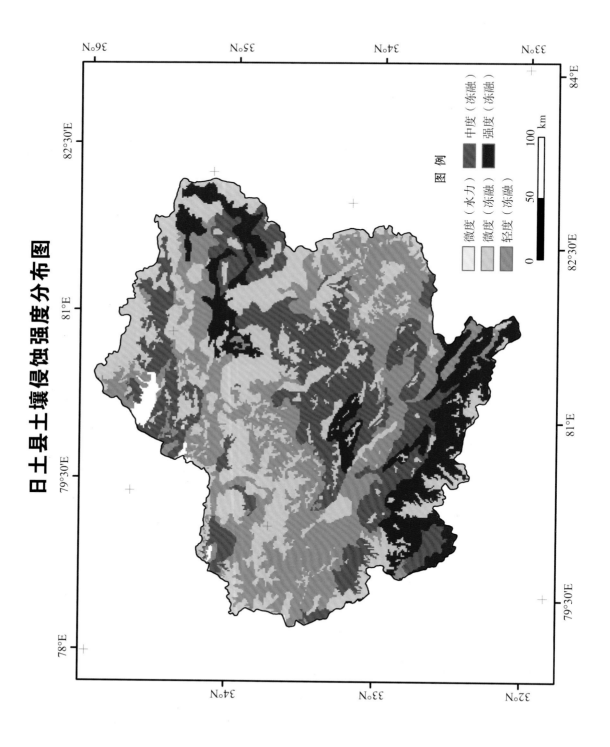

日土县土壤侵蚀强度分布图

图例

微度（水力）　中度（冻融）
微度（冻融）　强度（冻融）
轻度（冻融）

0　50　100
km

日土县土壤粉粒含量分布图

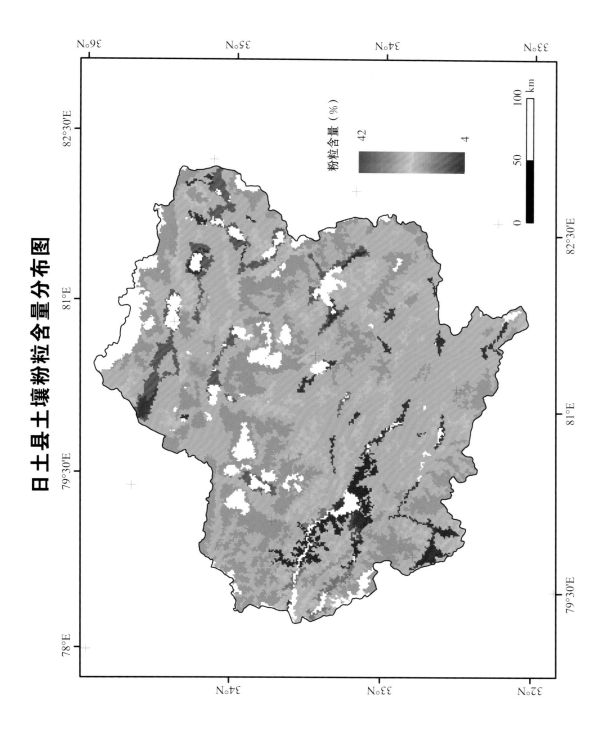

粉粒含量（%）

42

4

0   50   100
km

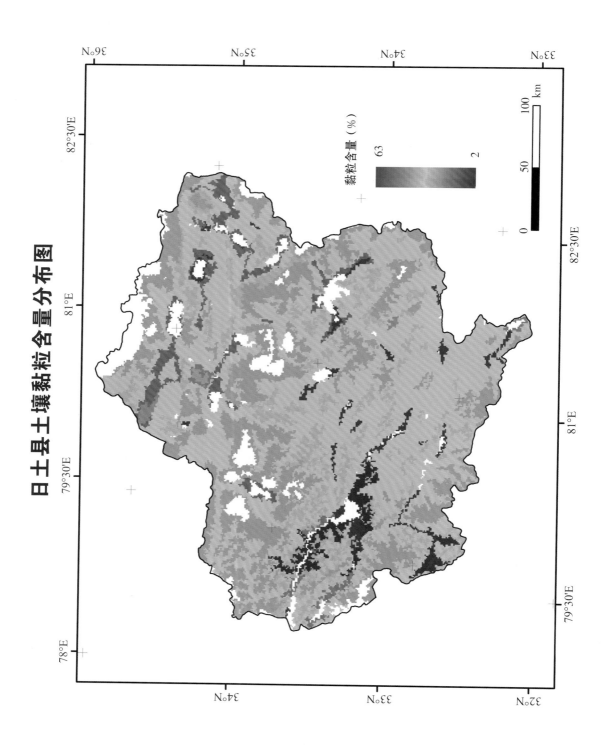

日土县土壤黏粒含量分布图

黏粒含量（%）

63

2

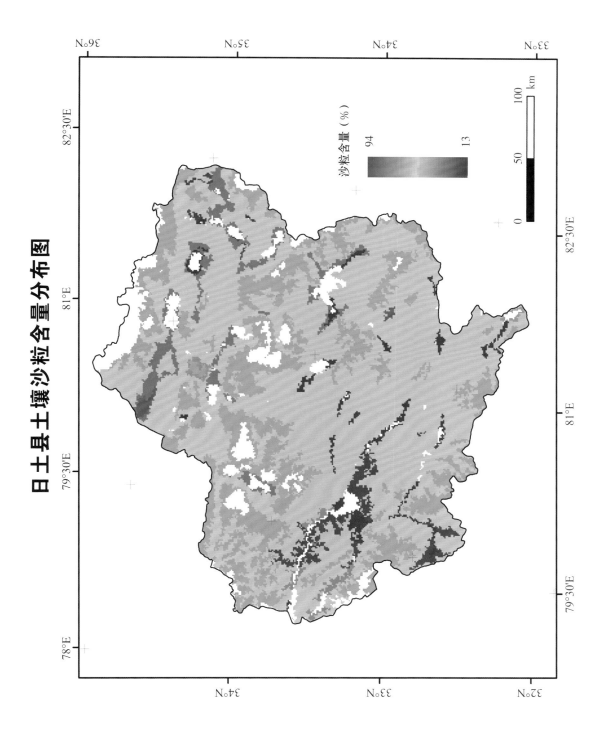

日土县土壤沙粒含量分布图

沙粒含量（%）

94

13

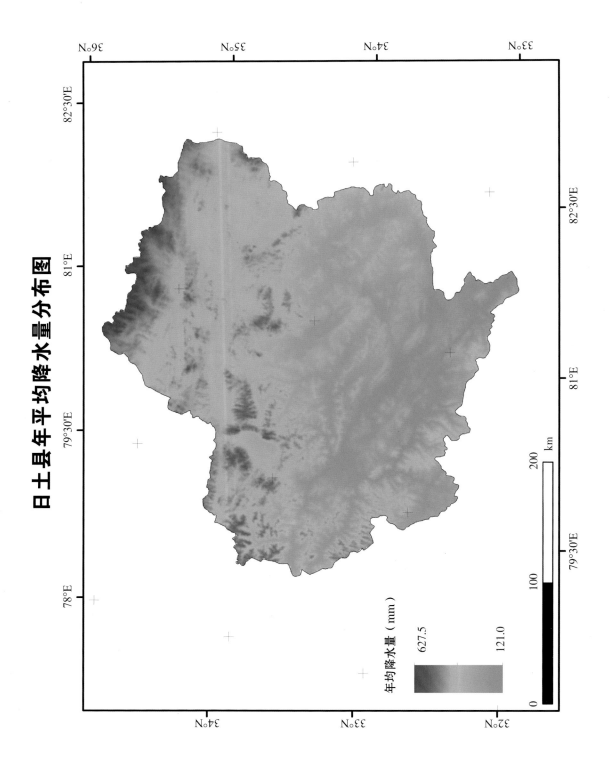

日土县年平均降水量分布图

年均降水量（mm）

627.5

121.0

日土县年平均气温分布图

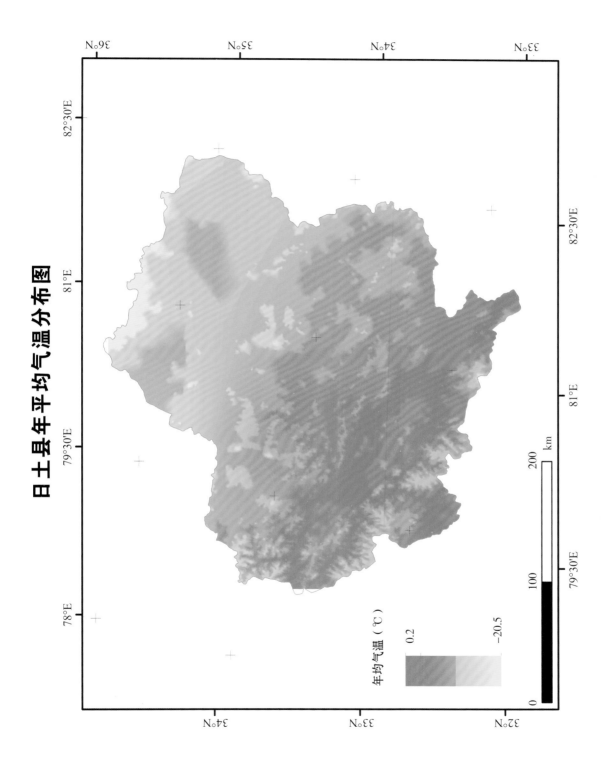

年均气温（℃）

0.2

−20.5

萨嘎县

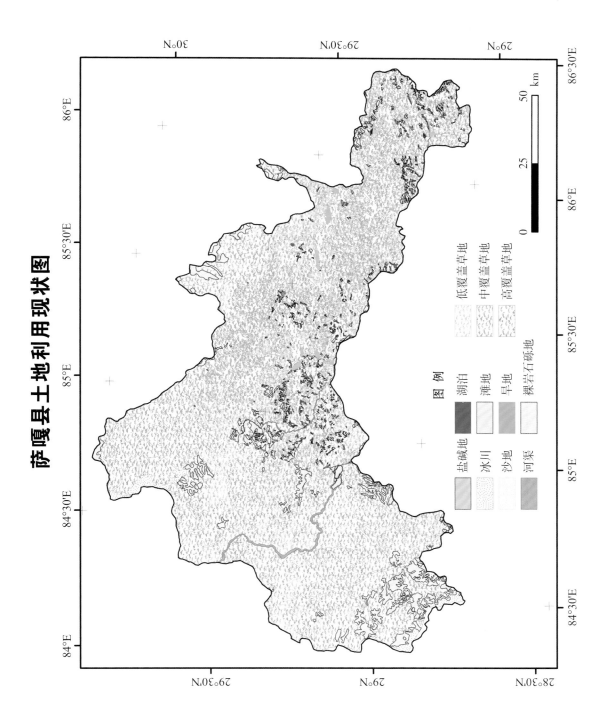

萨嘎县土地利用现状图

图 例

盐碱地　湖泊

冰川　　滩地

沙地　　旱地

河渠　　裸岩石砾地

低覆盖草地

中覆盖草地

高覆盖草地

0　　25　　50 km

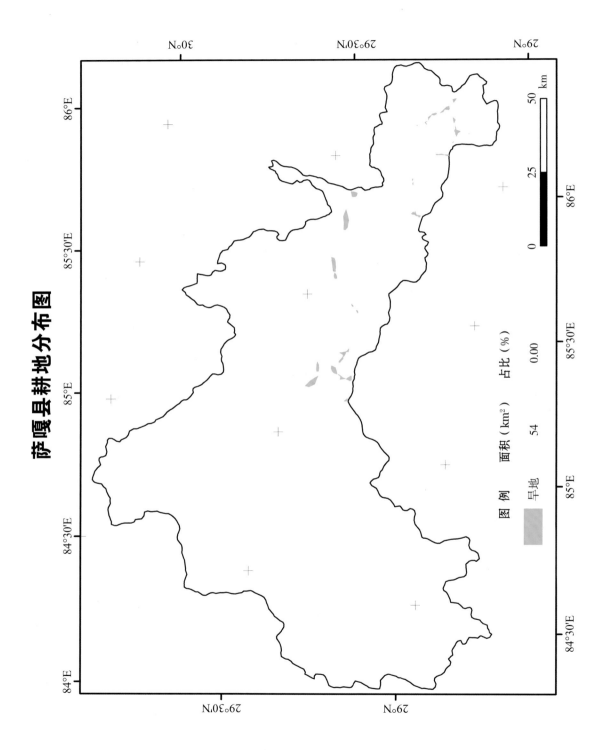

萨嘎县耕地分布图

图例　面积（km²）　占比（%）

旱地　　54　　0.00

萨嘎县草地分布图

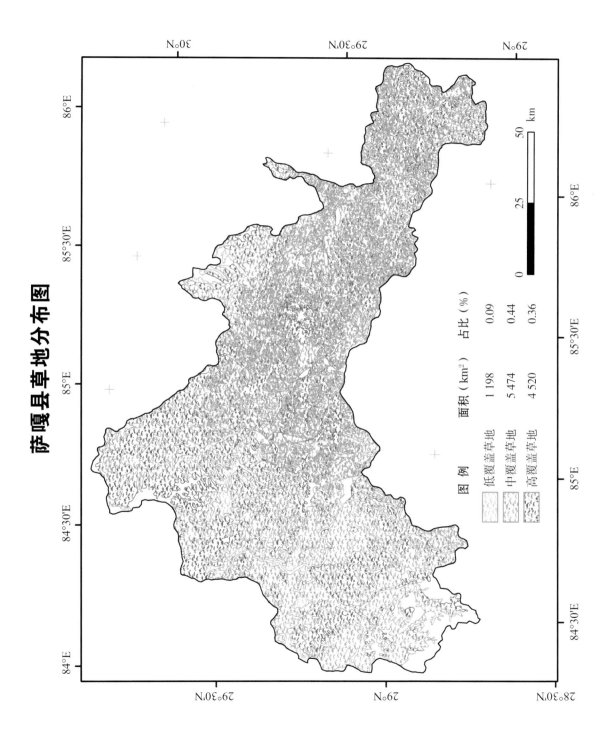

图例	面积（km²）	占比（%）
低覆盖草地	1 198	0.09
中覆盖草地	5 474	0.44
高覆盖草地	4 520	0.36

萨嘎县土壤侵蚀强度分布图

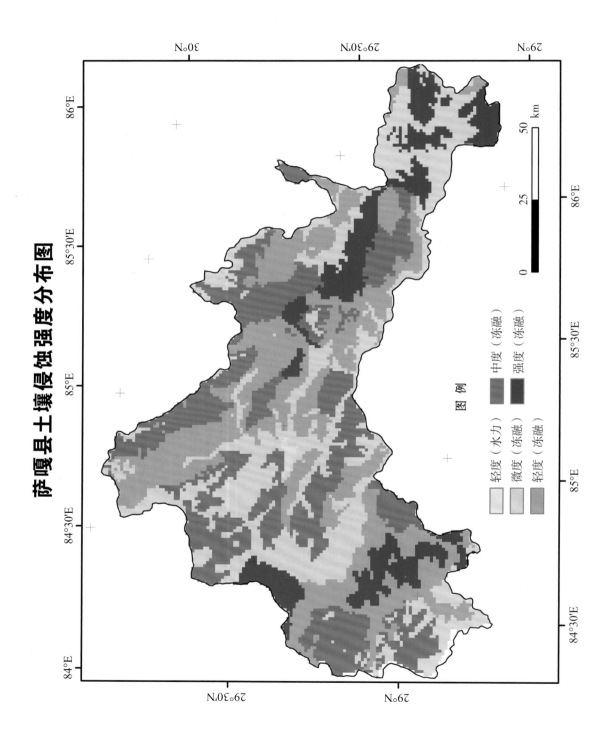

图例

轻度（水力） 中度（冻融）

微度（冻融） 强度（冻融）

轻度（冻融）

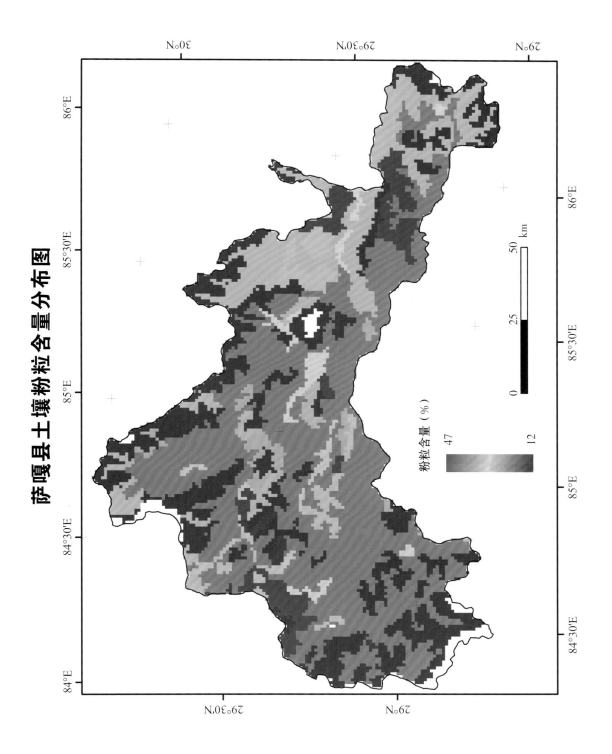

萨嘎县土壤粉粒含量分布图

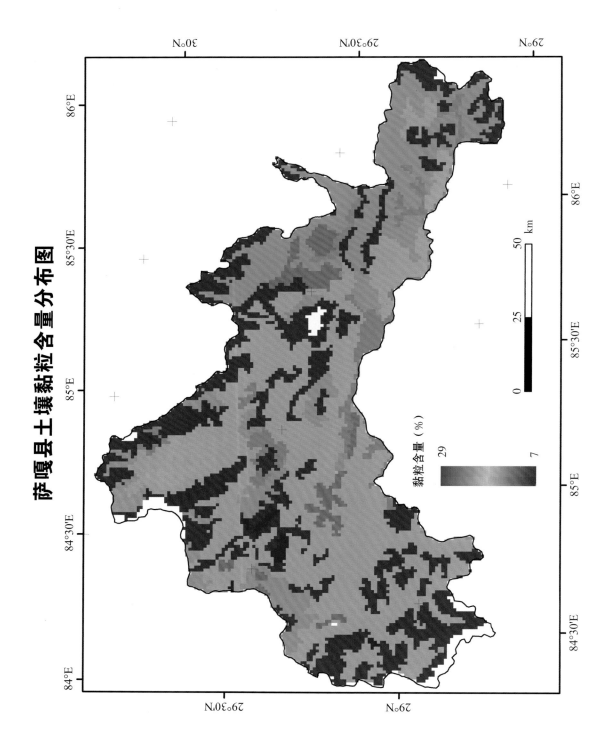

萨嘎县土壤黏粒含量分布图

黏粒含量（%）

29

7

0   25   50
km

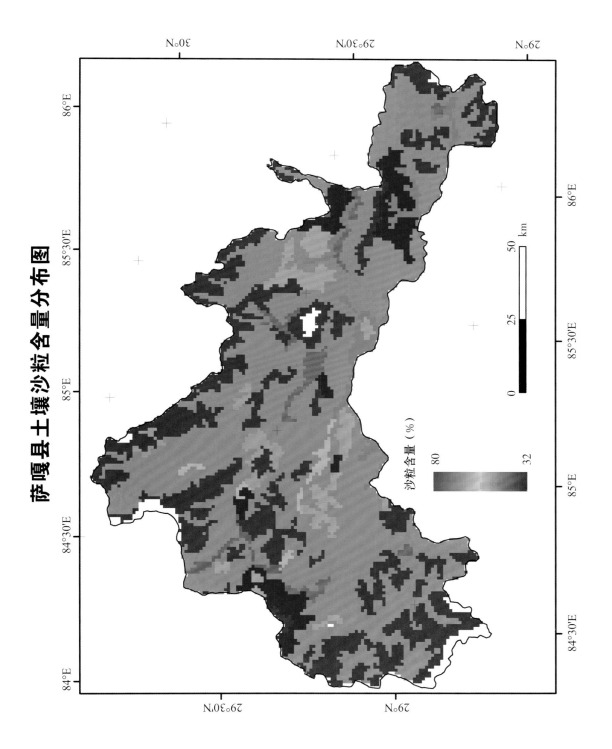

萨嘎县土壤沙粒含量分布图

萨嘎县年平均降水量分布图

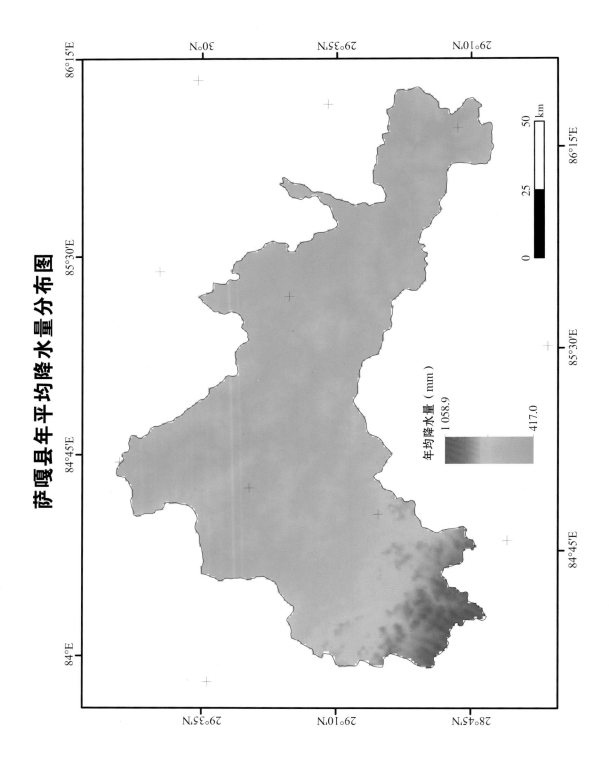

年均降水量（mm）

1 058.9

417.0

萨嘎县年平均气温分布图

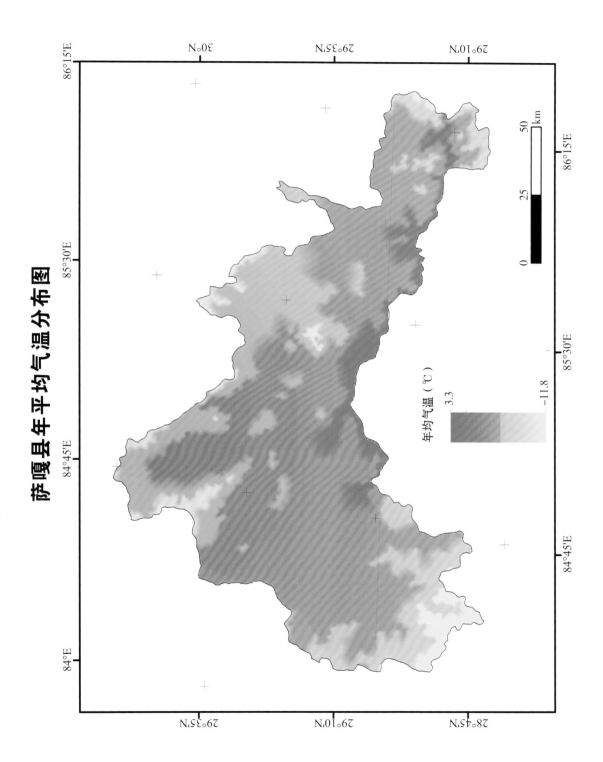

年均气温（℃）

3.3

-11.8

亚东县

亚东县土地利用现状图

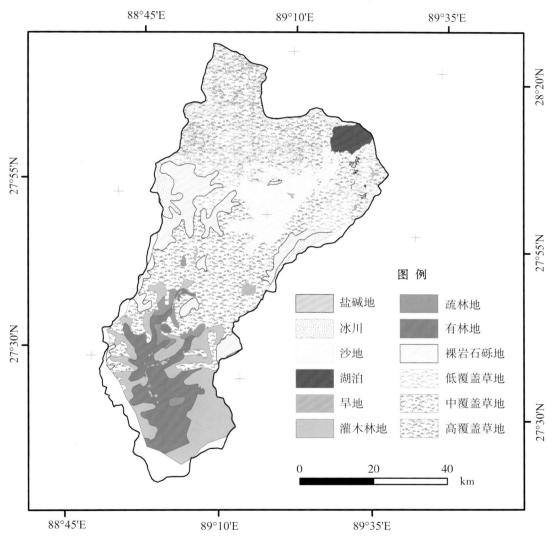

图 例

盐碱地　　　　疏林地

冰川　　　　　有林地

沙地　　　　　裸岩石砾地

湖泊　　　　　低覆盖草地

旱地　　　　　中覆盖草地

灌木林地　　　高覆盖草地

0　　　　20　　　　40
　　　　　　　　　　　km

亚东县耕地分布图

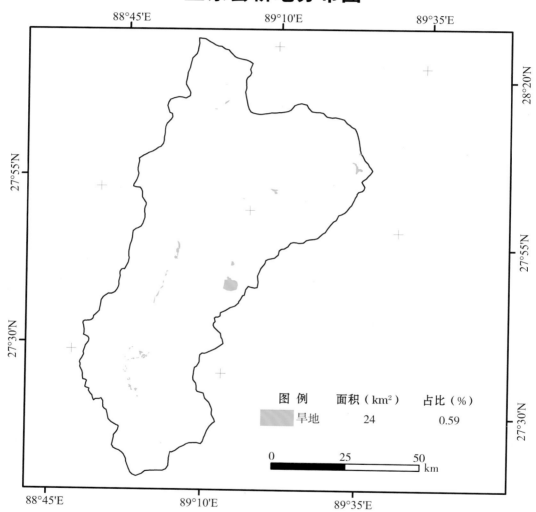

图 例	面积（km²）	占比（%）
旱地	24	0.59

亚东县草地分布图

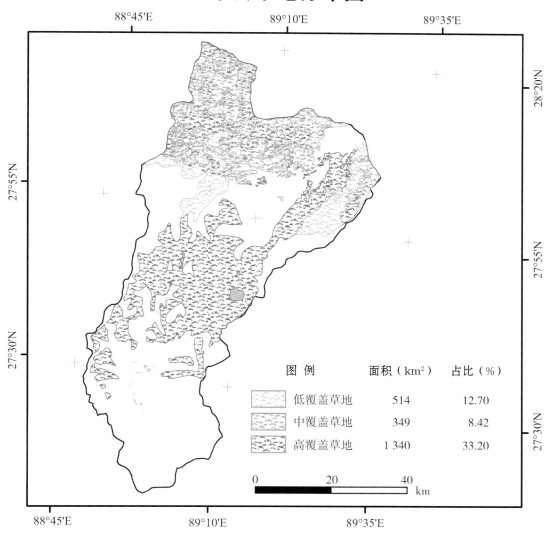

图例	面积（km²）	占比（%）
低覆盖草地	514	12.70
中覆盖草地	349	8.42
高覆盖草地	1 340	33.20

亚东县林地分布图

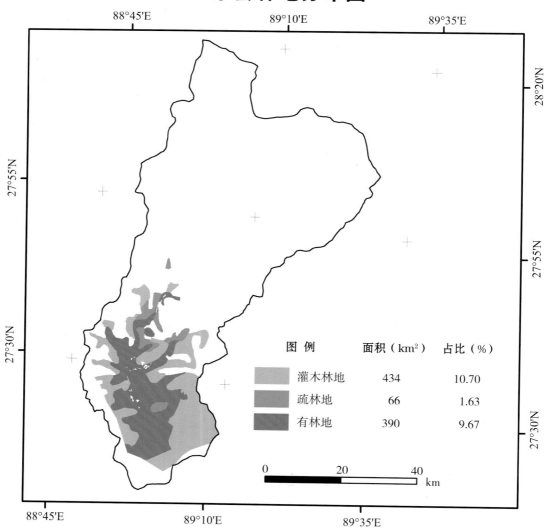

图 例	面积（km²）	占比（%）
灌木林地	434	10.70
疏林地	66	1.63
有林地	390	9.67

亚东县土壤侵蚀强度分布图

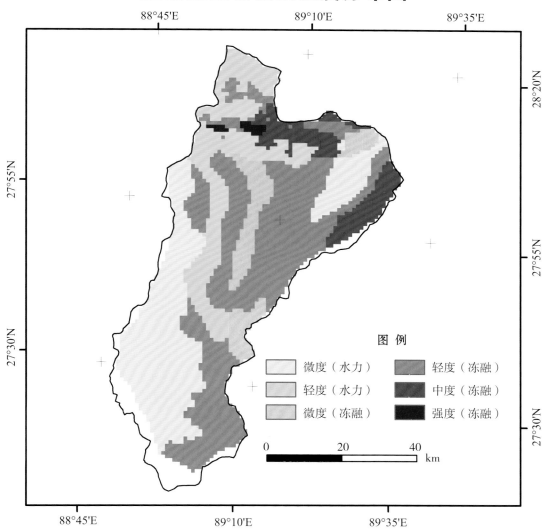

图 例

微度（水力）　　轻度（冻融）

轻度（水力）　　中度（冻融）

微度（冻融）　　强度（冻融）

0　　　　20　　　　40
km

亚东县土壤粉粒含量分布图

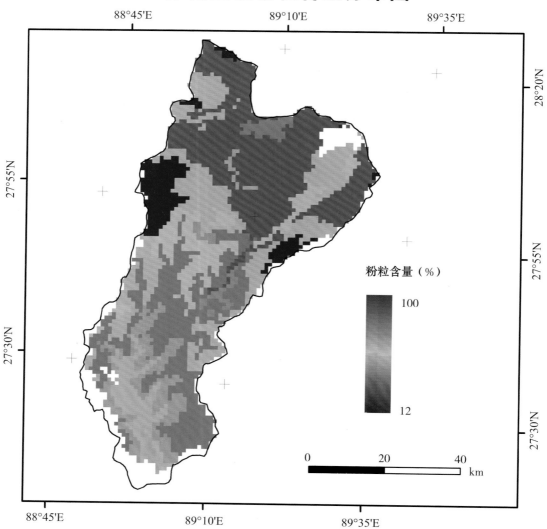

粉粒含量（%）

100

12

0   20   40
km

亚东县土壤黏粒含量分布图

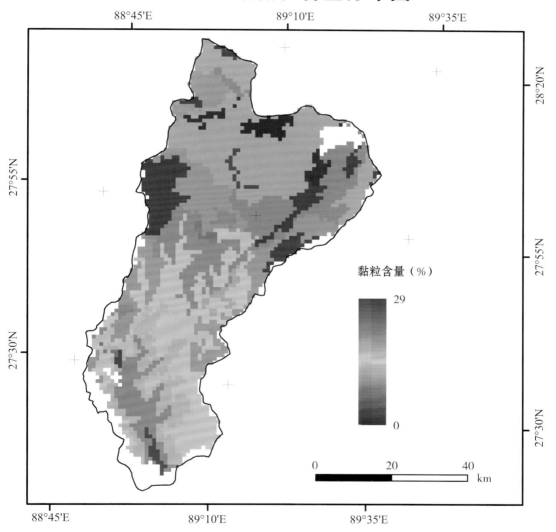

亚东县土壤沙粒含量分布图

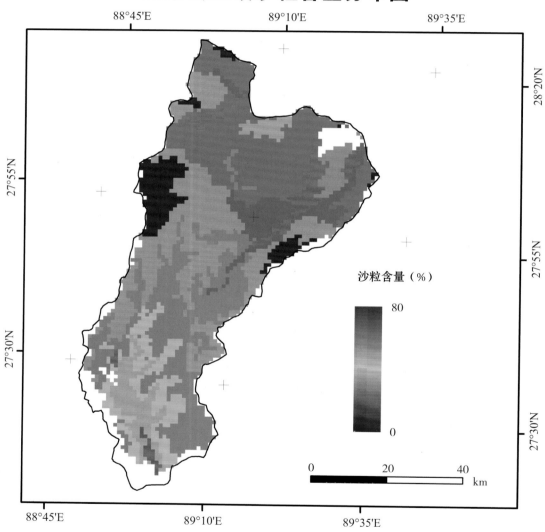

沙粒含量（%）

亚东县年平均降水量分布图

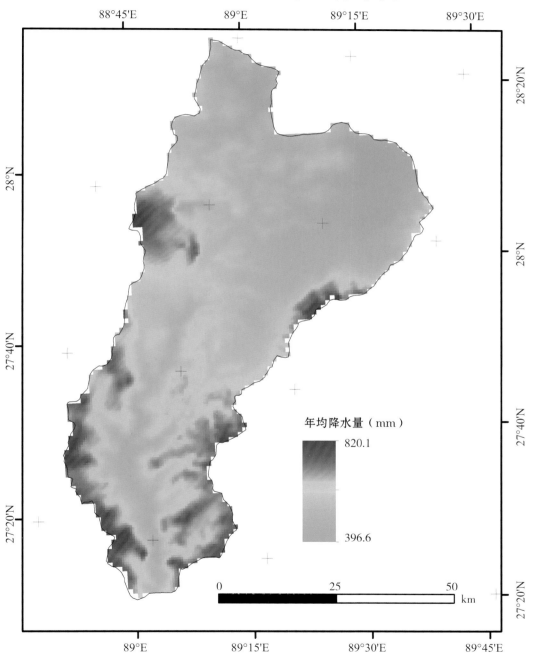

年均降水量（mm）

820.1

396.6

亚东县年平均气温分布图

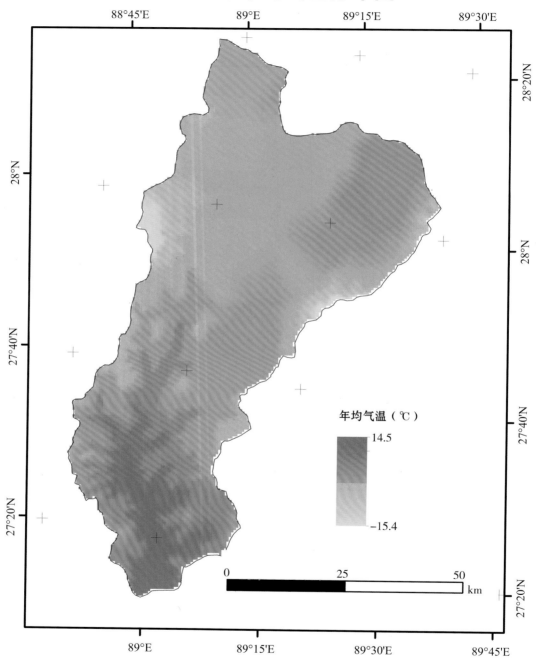

年均气温（℃）

14.5

−15.4

0   25   50
km

札 达 县

札达县土地利用现状图

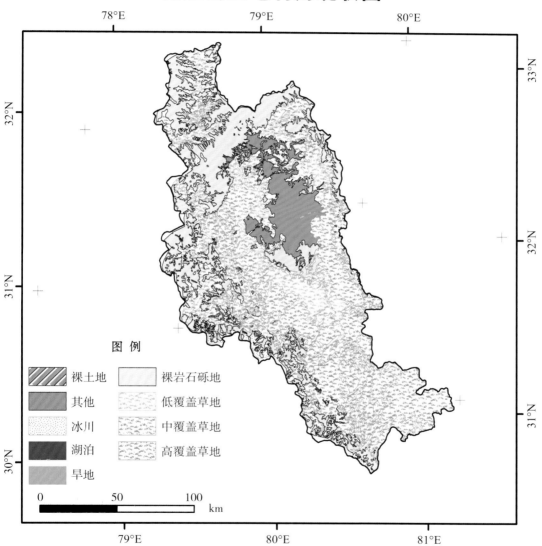

图 例

裸土地	裸岩石砾地
其他	低覆盖草地
冰川	中覆盖草地
湖泊	高覆盖草地
旱地	

0   50   100
km

札达县耕地分布图

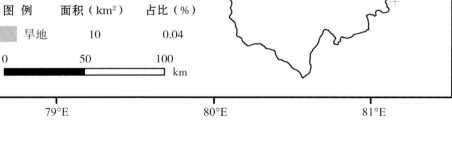

图 例	面积（km²）	占比（%）
旱地	10	0.04

0　　　50　　　100
km

札达县草地分布图

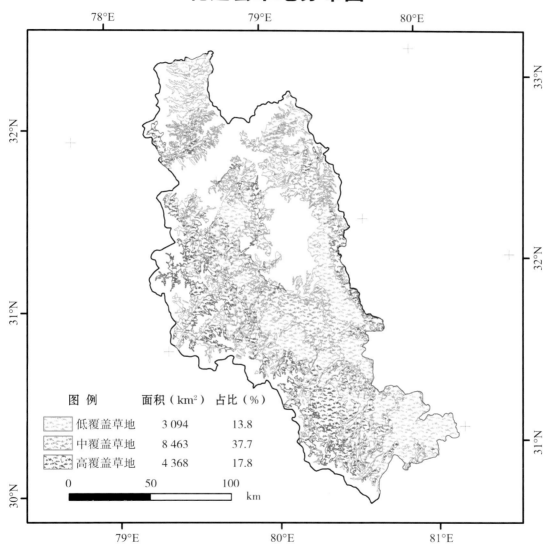

图 例	面积（km²）	占比（%）
低覆盖草地	3 094	13.8
中覆盖草地	8 463	37.7
高覆盖草地	4 368	17.8

札达县土壤侵蚀强度分布图

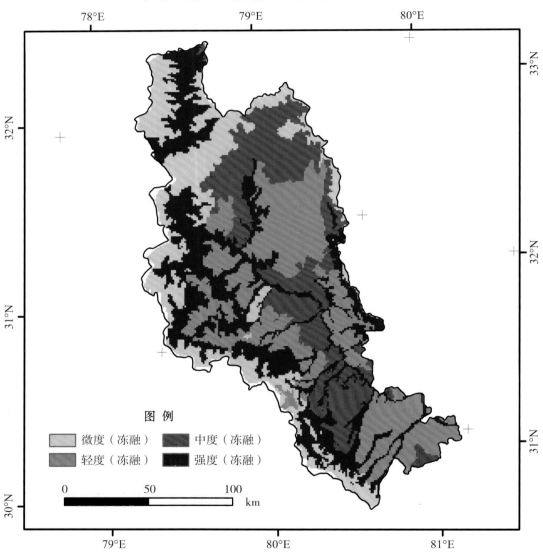

图 例

微度（冻融）　　中度（冻融）

轻度（冻融）　　强度（冻融）

札达县土壤粉粒含量分布图

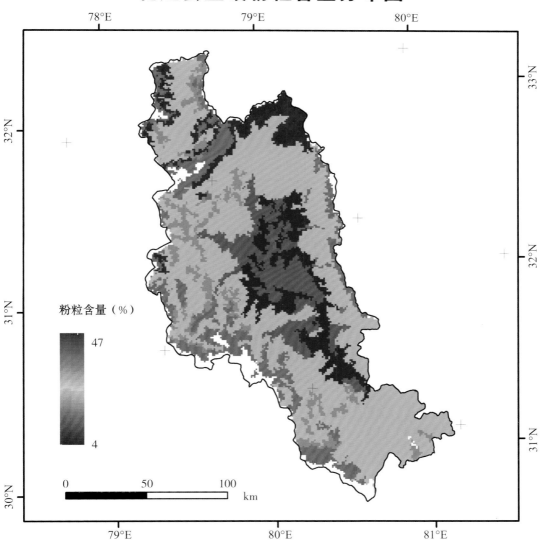

札达县土壤黏粒含量分布图

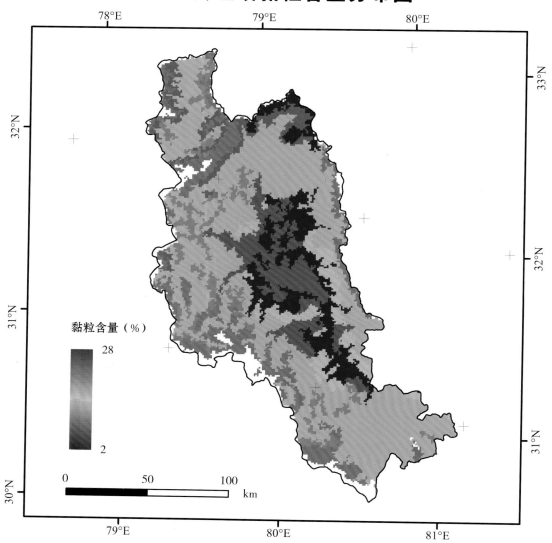

黏粒含量（%）

28

2

0 50 100
km

札达县土壤沙粒含量分布图

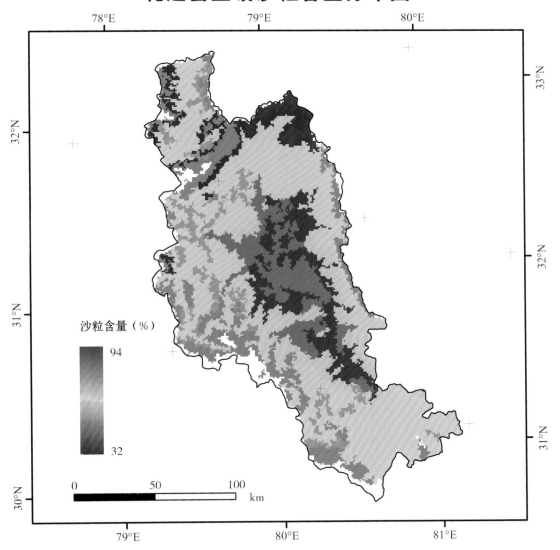

札达县年平均降水量分布图

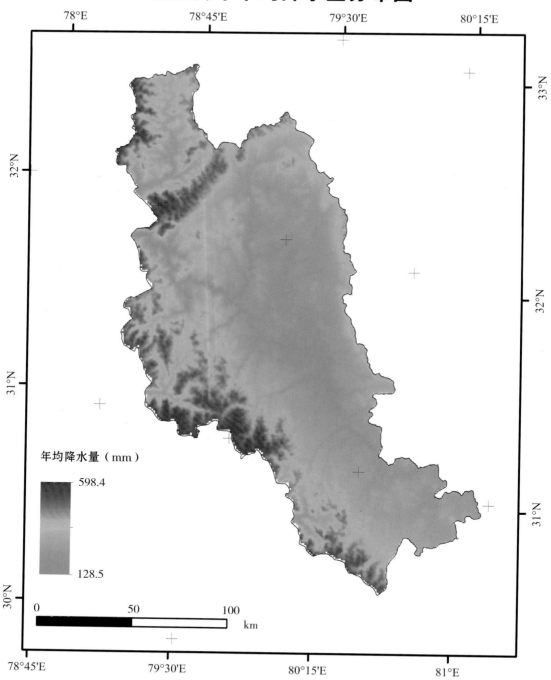

年均降水量（mm）

598.4

128.5

0   50   100
km

札达县年平均气温分布图

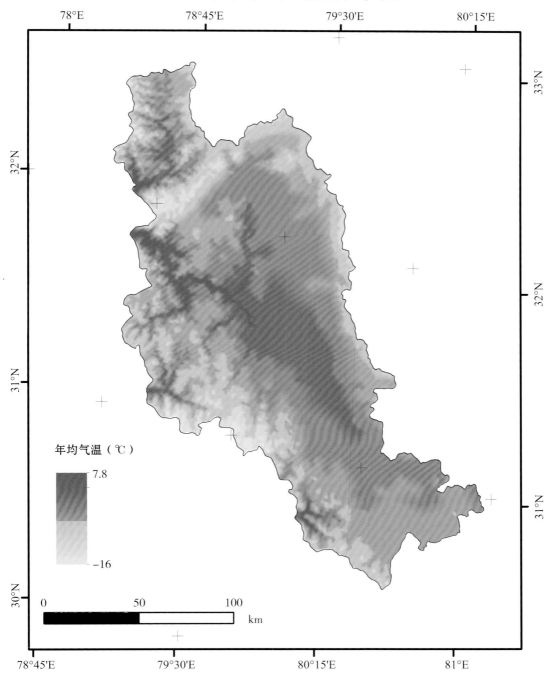

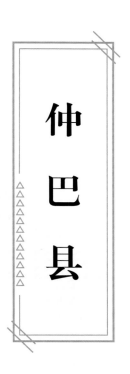

仲巴县

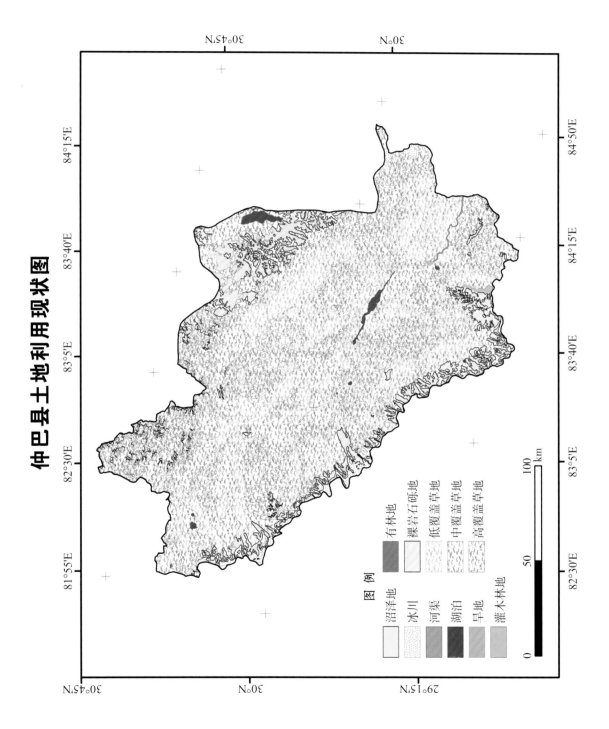

仲巴县土地利用现状图

图例

沼泽地　有林地

冰川　裸岩石砾地

河渠　低覆盖草地

湖泊　中覆盖草地

旱地　高覆盖草地

灌木林地

仲巴县耕地分布图

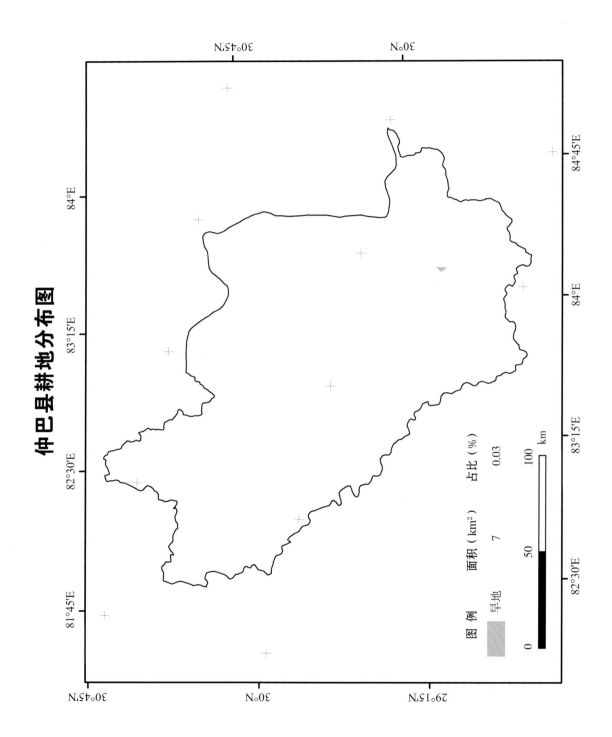

图 例　　面积（km²）　占比（%）

旱地　　　7　　　0.03

0　　50　　100
km

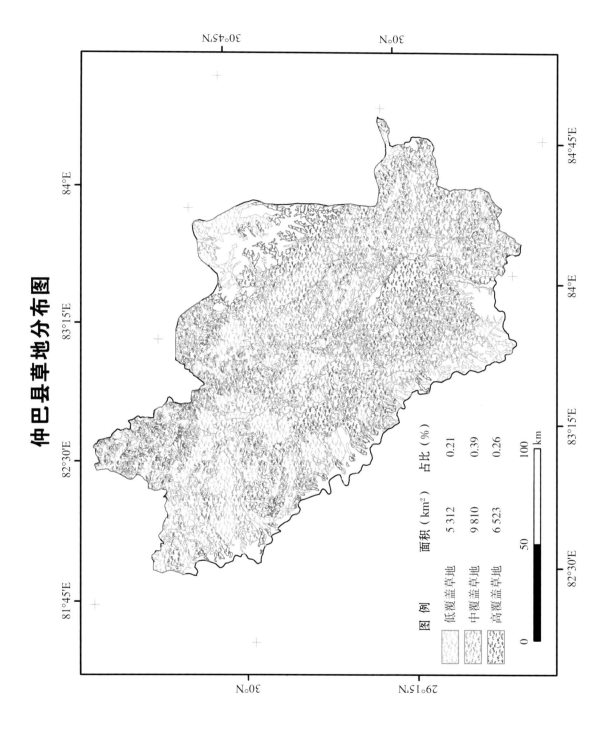

仲巴县草地分布图

图例

	面积（km²）	占比（%）
低覆盖草地	5 312	0.21
中覆盖草地	9 810	0.39
高覆盖草地	6 523	0.26

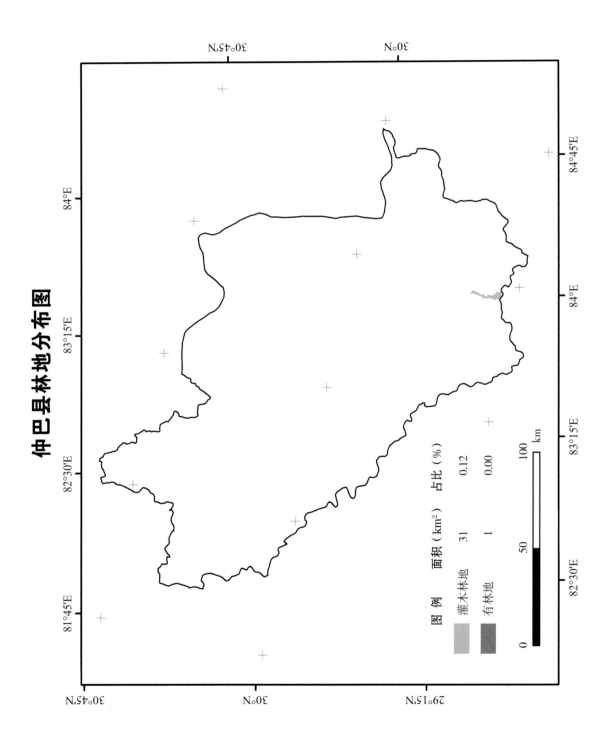

仲巴县林地分布图

图 例	面积（km²）	占比（%）
灌木林地	31	0.12
有林地	1	0.00

0   50   100
km

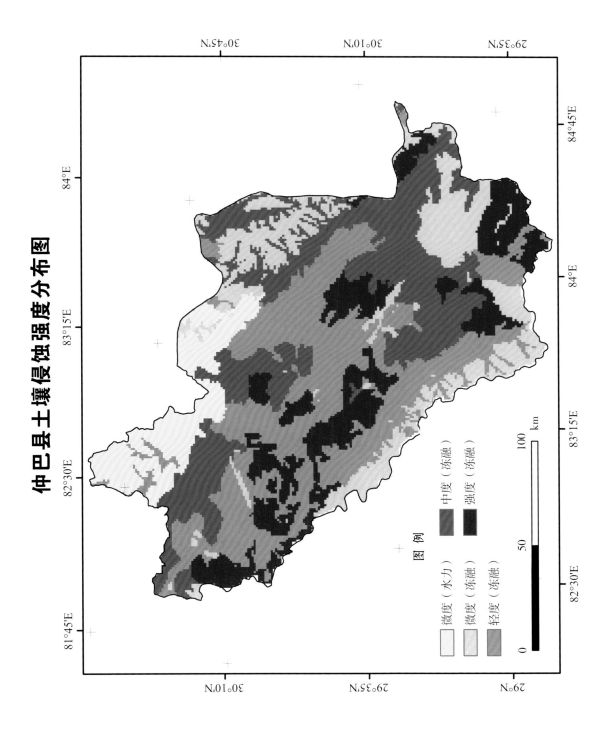

仲巴县土壤侵蚀强度分布图

图 例

微度（水力）　中度（冻融）

微度（冻融）　强度（冻融）

轻度（冻融）

0　　50　　100
km

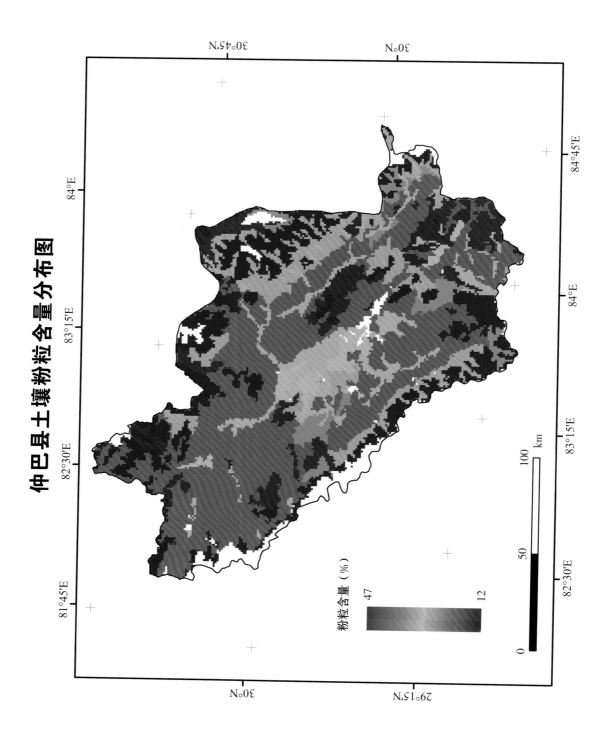

仲巴县土壤粉粒含量分布图

粉粒含量（%）

47

12

仲巴县土壤黏粒含量分布图

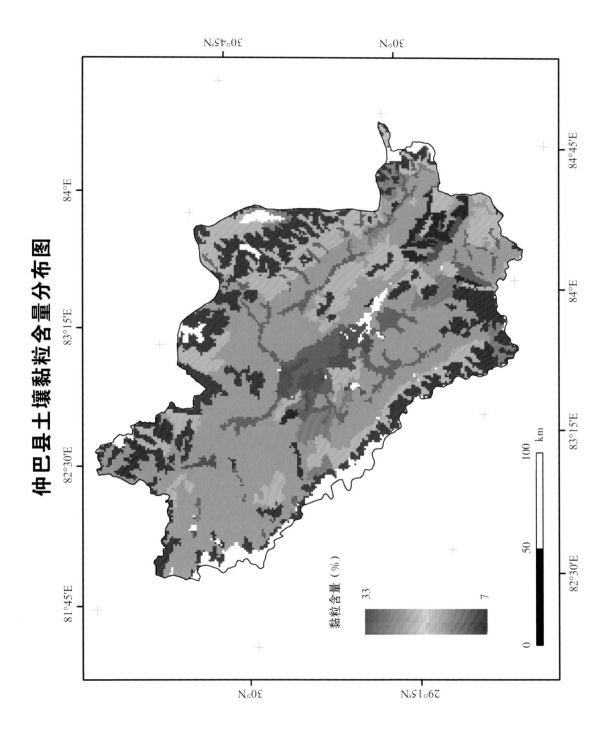

黏粒含量（%）

33

7

0 50 100

km

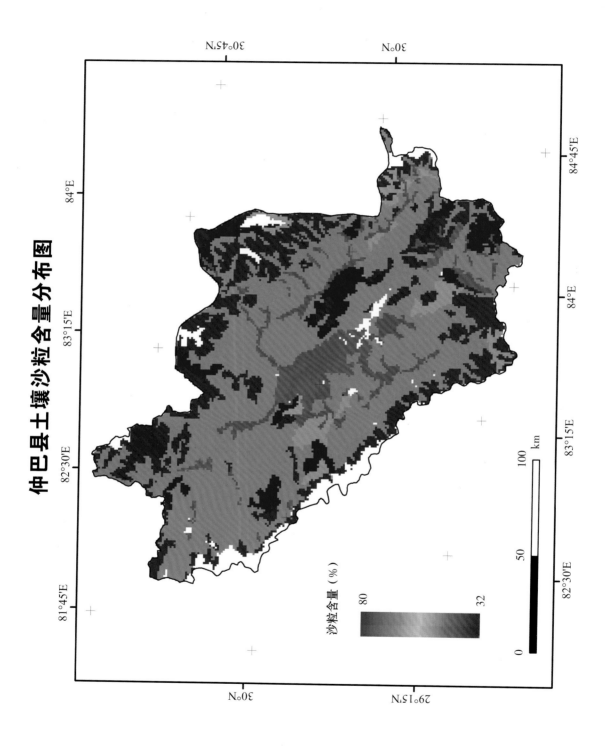

仲巴县土壤沙粒含量分布图

沙粒含量（%）

80

32

仲巴县年平均降水量分布图

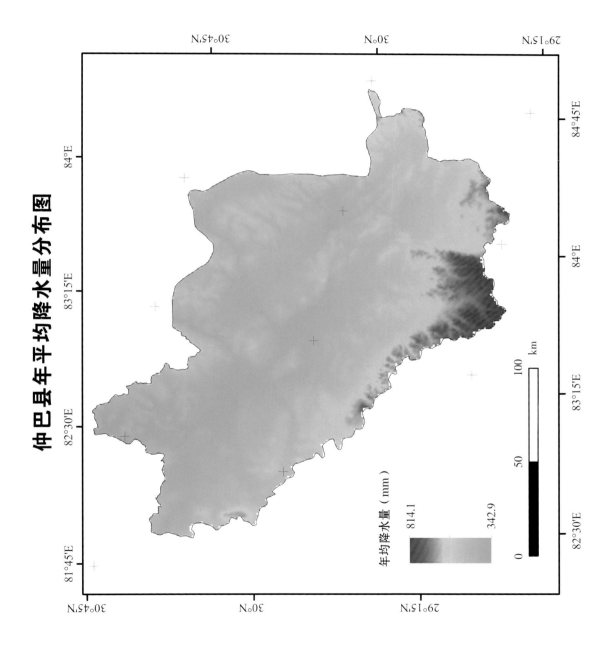

年均降水量（mm）

814.1

342.9

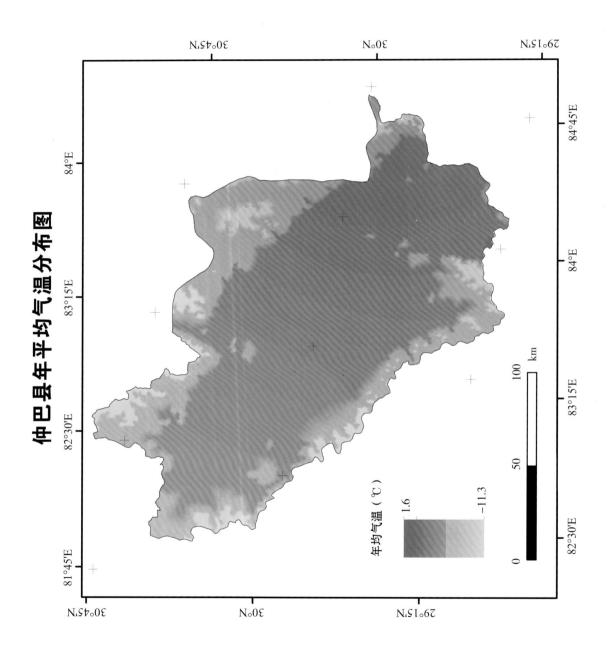

仲巴县年平均气温分布图

年均气温（℃）

1.6

−11.3

km

0   50   100